致 谢

本套书涵盖面广，工作量大，是一项艰苦卓绝而又要求严苛的工程。自从 2012 年着手准备以来，我已向很多同事寻求帮助。在此，我首先要感谢我的同事马里奥·比亚吉利（Mario Biagioli）、达纳·弗莱堡（Dana Freiburger）、克劳斯·亨切尔（Klaus Hentschel）、阿德里安·约翰斯（Adrian Johns）、爱德华·琼斯-伊姆霍特普（Edward Jones-Imhotep）、达里恩·勒乌（Daryn Lehoux）、丽莎·罗伯茨（Lissa Roberts）、格蕾丝·沈（Grace Shen）和拉里·斯图亚特（Larry Stewart），他们就撰稿人的人选提出了建议。我还要感谢大卫·利文斯通（David Livingstone）、艾莉森·莫里森-洛（Alison Morrison-Low）、塔西·菲利普森（Tacye Phillipson）和克劳斯·施陶伯曼（Klaus Staubermann）等几位同事，他们不仅推荐了撰稿人，还帮助我构思了本书某些部分的内容；尤其要感谢凯蒂·安德森（Katey Anderson）、珍妮特·布朗（Janet Browne）、詹姆斯·埃尔威克（James Elwick）和鲍勃·韦斯特曼（Bob Westman），他们为本书的结构布局建言献策。这是一项高难度任务，再次感谢他们。

然后，我要感谢几位学者，他们是我的“非官方”顾问，我曾让他们面对很多疑难问题。在整个工作中，利巴·陶布（Liba Taub）鼎力相助，她负责“科学仪器与设备”那一部分，那是我知之甚少的领域；罗伯特·科勒（Robert Kohler）和林恩·尼哈特（Lynn Nyhart）就本书结构和其他众多难题提出了合理建议。而当撰稿人不确定亚洲、南美洲或非洲的科学发展史实时，索尼娅·布伦杰斯（Sonja Brentjes）为我提出了中肯的建议！最后，要感谢安妮（Anne）和吉姆·西科德（Jim Secord），我是在与他们共进晚餐时确定了本书的基本结构的。

在整个工作过程中，我深深地感受到，威立出版社的编辑组织有序、务实高效，是非常令人愉快的合作者。在此，我要感谢萨利·库珀（Sally Cooper）、泰萨·哈维（Tessa Harvey）、乔治娜·科尔比（Georgina Coleby）和凯伦·希尔德（Karen Shield）为这个项目提供的全程指导。还要感谢亚力克·麦考利（Alec McAulay），他是一位出色的文案编辑，以及沙丽妮·夏尔马（Shalini Sharma），她在出版制作的管理方面表现出了极高的职业修养。

我最大的亏欠是对我的妻子默尔，我们结婚近40年了，是她的爱支撑着我度过了风风雨雨，我们同甘共苦，相伴至今，谨以此书献给她。

科学史讲义 IV

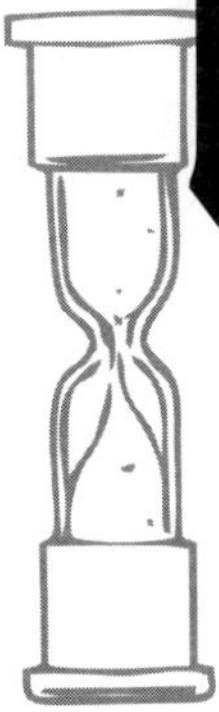

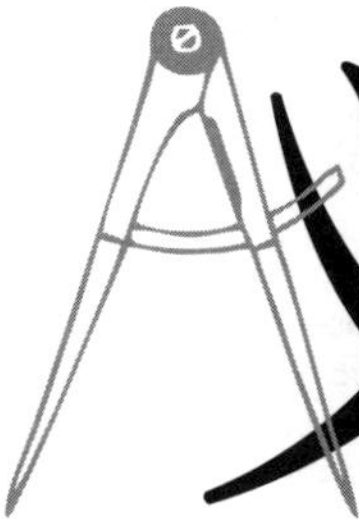

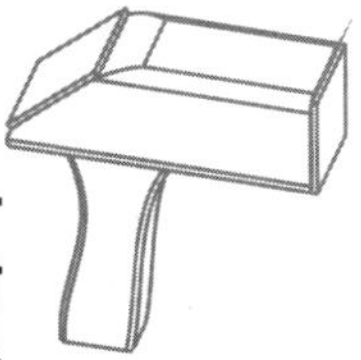

计时器、望远镜、光谱仪，
促进科学发展的工具

主编 [加]伯纳德·莱特曼(Bernard Lightman)
译者 薛敏侠 审校 跃钢

A Companion to the History of Science

陕西新華出版
陕西人民出版社

图书在版编目（CIP）数据

科学史讲义．Ⅳ，计时器、望远镜、光谱仪，促进科学发展的工具／（加）伯纳德·莱特曼（Bernard Lightman）主编；薛敏侠译．—西安：陕西人民出版社，2023.6

ISBN 978-7-224-14649-3

Ⅰ.①科… Ⅱ.①伯… ②薛… Ⅲ.①科学史—世界—普及读物 Ⅳ.①G3-49

中国版本图书馆 CIP 数据核字（2022）第 148760 号

著作权合同登记号：图字 25-2022-114

出 品 人： 赵小峰
总 策 划： 关 宁
策划编辑： 管中洑
责任编辑： 管中洑 李 妍
封面设计： 姚肖朋

科学史讲义Ⅳ：计时器、望远镜、光谱仪，促进科学发展的工具

主　　编 ［加］伯纳德·莱特曼
译　　者 薛敏侠
出版发行 陕西人民出版社
（西安市北大街 147 号　邮编：710003）
印　　刷 陕西博文印务有限责任公司
开　　本 880 毫米×1230 毫米　1/32
印　　张 8.25
字　　数 193 千字
版　　次 2023 年 6 月第 1 版
印　　次 2023 年 6 月第 1 次印刷
书　　号 ISBN 978-7-224-14649-3
定　　价 49.00 元

如有印装质量问题，请与本社联系调换。电话：029-87205094

序 言

伯纳德·莱特曼

如今，对于世界上那些生活在工业化地区的人们，一个无可争议的事实是，我们的生活深受科学的影响。在日常生活中，科技发明无处不在，已经成为我们赖以生存的基础。此外，我们也已经看到，科学是如何改变我们的生活和工作环境的。我们需要通过科学来调解与自然的关系；我们的思维方式得益于科学理念；而我们的文化也深受科学的浸润。例如，将斯蒂芬·霍金、艾伦·图灵和阿尔伯特·爱因斯坦等科学家丰富多彩的生活搬上了银幕；进化论、外星生命的有无、气候变化的危险、现代科学家的权威等科学热点问题也经常出现在各类媒体上。那么，这些社会现象在历史进程中是如何发生的？又是在何时发生的？从历史角度看，科学并不总是人类文化的核心，那么一旦科学占据了核心地位，是否具有更大的社会意义？这些都是科学史学家所要研究的问题。

在过去的35年中，科学史研究因逐渐采用新的史学方法而发生了变化。以前科学史的研究重点是像伽利略和牛顿这样的科学大家所取得的理论进步，但现在这个领域的研究在现代学者们的努力下，已经变得丰富多样、描述深入，地方化色彩更加浓郁。

科学史学家关注的不再仅仅是新科学理论的发现，而是热衷研究科学在实验室以及其他场所的实践方式。许多全新的角色加入我们的故事中，他们中的大多数不再是男性知识精英，而是包括女性以及默默无闻的研究助手、科学普及者和技术工人在内的普通人。同时，科学史学家已将其他领域的许多研究模式整合移植到他们自己的工作中，关注重点扩展到文化研究、传播研究、女性研究、视觉研究以及科学与文学研究等。科学史研究是动态发展的。目前，在学术界已经出现了一些令人兴奋的学术成果。

20 世纪 80 年代和 90 年代的人们见证了这场重大变革，他们中的一些人甚至是这场变革的贡献者。他们往往会通过一本特别的书或文章得到启发，激励他们以不同的方式看待科学史这一领域，或者帮助他们了解周围世界发生的变化。保罗·福曼于 1991 年在芝加哥大学科学史期刊上发表了激动人心的宣言："独立而不奉行先验论是科学史的本质。"宣告了科学史学家的研究"准则"。福曼认为科学家的角色和科学史学家的角色截然不同，科学家需要寻求超越，而科学史学家则需要有自己独立的历史判断。因此，科学史学家必须有自己的学科内容，而非按照科学家的步子开展工作。我们不能像几十年前的科学史学家那样屈于从属地位。我们的任务既不是为科学家过去取得的成就歌功颂德，也不是研究按当代标准接受的科学理论。如果我们要了解历史上任何一个时期的科学状况，有时候不得不审视一些现在被认为是边缘科学或伪科学的科学活动。虽然守旧之人认为对颅相学或催眠术的研究是浪费时间，但那些寻求独立的历史学家必须准备好对特定时期的科学给予针对性的理解。我们的工作是将"科学知识"完全历史化。福曼相信科学史学家一直在探索和实现真正的自主知识体系，但他们还没有充分认识到，正在发展的“新”历史正是建立在放弃超越时代背景的理念之上。

福曼代表科学史学家宣布独立，对许多人来说是一个启示。它给出了学科的新研究取向，既令人兴奋，又令人惴惴不安。令人兴奋的是，它针对旧学术研究的一些基本假设做了不同解读，进而提出了一系列全新的议题。例如，在近代早期是否存在一场科学革命导致了现代科学的形成？19世纪真的有“达尔文革命”吗？我们真的能把“进步”的概念作为“科学故事”的主要特征吗？但这些重大问题也令人望而生畏。所有这些问题叠加到一起产生了一个更大的议题：科学史学家到底在研究什么？换言之，难道就没有一个从远古开始、一直延续至今、我们可以称之为“科学”的事物吗？为了获得独立性，我们必须重建科学史学科。因此本套书的目的并不是提供一幅“研究蓝图”，恰恰相反，我们的目的是探索重新定义下的科学史领域的最新发展。

决定本套书的结构并非易事。因为这个结构必须反映自20世纪80年代以来发生的重大史学变迁。书中的每一章必须具有综合性，自成一体，而且要把篇幅限定在中等规模的研究层次上，不介入微观讨论。每一章节应该侧重哪些主题？如何将相关章节组合成一个“部分”？在处理类似问题时，历史学家们一般都会首选编年法。以前的科学史研究也都普遍选用编年法排序，即古代—中世纪—近代早期—18世纪—现代。安德鲁·伊德（Andrew Ede）和莱斯利·科马克（Lesley Cormack）的著作《社会科学史》（*A History of Science in Society*，2004），以及罗纳德·纳伯斯（Ronald Numbers）和大卫·林德伯格（David Lindberg）编辑的八卷本《剑桥科学史》系列（*Cambridge History of Science Series*，

2003）都遵循上述方法。此外，还有很多专门讲述某一特定历史时期科学史的书籍。但在这里我想另辟蹊径，也许编年法与主题相结合是这本书在结构编排上的最佳选择。实际上《劳特里奇现代科学史指南》（*The Routledge Companion to the History of Modern Science*，1990）一书采用的就是这种结构。但是那本书共有 67 章，而本套书的篇章要少一些。篇幅所限，要涵盖所有关键年代和重要主题几乎不可能。更何况我还希望对主题章节做重点关注。因此，在广泛征求同事们的意见后，我最终决定分四个主题反映当今科学史的核心研究范畴。采用这种结构有助于将本套书的重点从抽象科学理论的发现、时代进步的主题以及特定精英科学家的贡献等方面解脱出来。有些章节也会按比较松散的时间顺序排列，以方便读者追溯事件的发展过程。但主题结构会允许撰稿人跨越传统的年代和地理边界，更加自由地创作。

本套书第一卷第一章实际是后面四个主题部分的序言。作者林恩·尼哈特（Lynn Nyhart）对过去 35 年的科学史史学发展趋势做了细致入微的讨论，凸显了后面四部分内容对科学史学家的重要性。她首先陈述了科学史学家们面对时代变迁，是如何从其他学科借鉴经验的；其次研究了社会建构主义和女权主义学者对科学史的影响，重点强调了科学是如何由多样化的个体（绝不仅仅是男性知识分子）通过复杂的社会过程构建而成。接着，她说明了上述观点如何引导历史学家探索过去的科学活动，或称“科学实践”的本质。审视历史上科学知识的生成为我们开启了一扇新的大门，引导科学史学家们去探索科学交流实践活动，包括科学家之间、科学家和公众之间，以及从本土到全球范围的知识流动。历史上发生的由哲学空想向实践研究的转变，也引发了与科学的物质文化等相关的一些有趣的问题。所以，本套书的四大主题涵盖了科学中的人物与角色、地点与空间、传播与媒介、仪器与设备等方面的内容。

第一部分“科学人物与角色”将分章节探讨从古至今的“科学家”所扮演的各种角色。给“科学家”这个术语加引号，是因为这部分内容将强调“科学家”的概念是如何随着时间的推移而发生巨大变化的。这个表述是英国博物学家威廉·惠威尔于1834年首先提出来的，提及这个术语的文章实际上是对玛丽·萨默维尔（Mary Somerville）《论物质科学的相互关联》（*On the Connexion of the Physical Sciences*，1834）一书的评论。当时，惠威尔的脑海中并没有当今我们所熟悉的“职业科学家”这个概念，他用这个表述来对抗同时代人把科学细分为不同学科的倾向，也是他呼吁“科学统一”和“拒绝专门化”理念的一部分。

惠威尔不太可能将“科学家”一词的含义扩展到不曾分享科学荣誉的技术人员、仪器制造者、工匠或人体实验对象，但鉴于过去科学人物所扮演的不同角色，我们有充分理由将他们囊括在内。如果我们只将这一术语用于指代那些符合当今科学家定义的人，那么有资格担当这个社会角色的人会随着年代的前推越来越少。第一部分内容的目标之一就是让读者了解历史上拥有自然知识的“有识之士”与“凡夫俗子”之间的边界是如何划定的。我们必须结合时空、地域和文化环境去研究与自然知识有特殊关系的那些个人的社会角色。

第二部分“科学地点与空间”研究的是知识的生成地点。无论科学家扮演什么角色，他们都必须在某个特定的地点发挥这一作用。像大卫·利文斯通（David Livingstone）这样的科学历史地理学家就曾强调，“所谓空间并不是社会生活发生时所在的那个孤立‘地点’，空间并不仅仅是实践发生的舞台，它本身就是人类互动过程中的一个组成部分”。当我们思考知识产生的关键地点，如大学、外工作场或实验室时，我们总是要问，是谁在管理这个空间？它的边界在哪儿？对谁开放？相比之下，关注地点意味着要考虑科学的本土性、区域性和国别特征。如果我们认真对待福曼的宣言，就不会像利文斯通所说的那样，把科学看作是某些超然的实体，没有任何地方环境或偶然的痕迹。相反，我们将建立“科学地理学”，揭示科学知识是如何带有地理位置的印记的。

我们将探讨科学知识产生的地点，并且更多地聚焦知识的地方属性。读者会发现，从古至今，知识产生场所的变化之大竟有些令人吃惊。随着时间的推移，即便是大学和天文台这样具有悠久历史的传统科学场所也发生了巨大变化。不过，在 16、17 世纪，作为科学活动发生地的古老欧洲宫廷却显得特立独行，以后再无类似的翻版出现。而新的科学基地，如科学社团，直到近代才出现。其中一些空间，如实验室和博物馆，一直被历史学家们当作科学重地。而家庭和商业场所这些空间的重要性也是近期才被关注。我们研究开展科学工作的大量地点和空间，正是说明了空间和场所的重要性。

在审视地点因素如何介入知识生成的过程之后，第三部分将重点讨论在不同的科学知识生成点之间的交流传播方式。由于人们在不同的生活环境下接触的事物表现形式不同，所以在交流过程中，传播内容都需要历经翻译和一定形式的转换。吉姆·西科德（Jim Secord）的文章《移动中的知识》（*Knowledge in Transit*，2004）概述了这种模式的基本轮廓。西科德指出，纯粹聚焦知识产生的地方属性而忽略了知识的流动性，有时候会给历史学家造成困扰。

西科德称，“知识产生得越本地化，越具有特殊性，就越难看出它们是如何流动的”。为了解决这个问题，西科德建议把科学理解为一种交流形式，流动、翻译和传输是交流的核心过程。这意味着科学文献、图像、科学行为和科学研究的对象都应该作为与接收者、生产者以及传播方式相关的交流媒介。

在第三部分“科学传播与媒介”中，作者们讨论了通过不同的媒介，知识在不同地点间的迁移和流动。逐章介绍了手稿、信件、期刊、书籍、教科书、讲义、电影、广播和电视等传播媒介。正在变化中的传播技术也同样受到关注，特别是以印刷品形式出现的传播方式。这些章节讨论了科学家彼此之间以及他们与公众之间的交流途径。在这一部分中，我们本可以设置更多的章节，因为这是 21 世纪以来学术界颇感兴趣的话题，如外工作场研究记录、博物馆目录和实验记录等，都是科学交流的重要手段，而且与具体研究地点相关，但受篇幅所限，我们只能限于介绍最受学者们关注的交流形式。

西科德指出，“历史上几乎所有科学证据都是以物质形式存在的”。期刊、书籍、笔记本、实验仪器、博物学标本和二维模型概莫能外。因此，对科学交流的研究也引导我们走向科学物质文化的研究。

第四部分涉及的是科学工具的讨论，这些工具同样也在科学的产生地之间流通。这部分的各个章节涵盖重要的科学仪器和物质对象，以阐明不断变化的科学实践活动。我们将分章节介绍计时器、测量仪、计算机、记录仪、显微镜、望远镜和分光镜等仪器设备，以及科学家使用的标本、样本采集、图表和三维模型等。

所谓科学的研究对象，实际上是科学家研究的物质，而仪器是研究这些物质对象的工具。几十年来，仪器和研究对象一直是科学史的研究课题。虽然科学史学家们把它们看作是科学物质文化的一部分，但这并不排除我们从认识论的维度关注这些课题。达斯顿（Daston）主编的《科学物品传记》（*Biographies of Scientific Objects*，2000）一书论述了多种物品，包括梦、原子、怪物、文化、死亡、重心、价值、细胞质颗粒、自我、结核病是如何作为科学研究对象，在历史上出现和消逝的。达斯顿不只对科学的物质研究对象感兴趣，她更想了解物质对象中所包含的重要智力成分。仪器设备其实也有非物质属性，虽然表面上看起来不那么明显。利巴·陶布已经注意到，从 20 世纪 90 年代史学界开始将重点转向科学实践的同时，也引发了对科学设备的关注。陶布曾肯定地说，“在很多学科中，都有部分学者对科学的‘物质性’越来越感兴趣”。然而，对科学物质属性的迷恋并没有将科学史学家的研究领域局限于物质对象。陶布认为，从事和科学仪器设备相关的研究工作迫使学者们不得不面对如何理解“设备”这个词本身的定义。科学研究的“物质对象”和“研究设备”都具有物质属性和非物质属性。

我们希望通过关注过去与科学相关的“科学人物与角色”“科学地点与空间”“科学传播与媒介”“科学仪器与设备”，能够捕捉到当前在这个领域的学术研究中非常活跃和令人振奋的东西，这一领域仍在不断发展。毫无疑问，在未来，富有进取心的科学史学家将会开发出新的研究分支。

目 录

第一章

计时工具

【罗里·麦克沃伊(Rory McEvoy)】

罗里·麦克沃伊是格林尼治皇家博物馆下属皇家天文台钟表馆馆长。主要研究精密钟表仪器和相关技术的开发与应用，以及皇家天文台历史、民用时间及其分布。

人类最基本的时间观念来自观察星星和月亮在天空中的运行规律。地球的自转周期、地轴倾斜角度变化的周期、地球围绕太阳公转时的角度及其公转周期，为我们提供了最基本的时间间隔：一日、一季和一年。因此，时间的确定必定是天文学探索的结果。在1967年原子计时器出现之前，时间的测定主要依赖于对地球自转的观测。许多史前石阵或者石碑遗迹的布局，显示出其建造目的与当时测定时间的方法有关，它们或曾充当着古时的天文台。虽然在做史前研究时，仔细分析现有遗迹只能对其功能或操作等做出初步推测，但在人类发现的众多古代天文遗址中，有充分的证据证明其中一部分遗址的功能就是利用天文现象测定时间。

例如，澳大利亚墨尔本附近的伍迪杨古岩石阵（Wurdi Youang）和秘鲁的昌克罗塔阵（Chankillo temple complex）都可能具有时间测定功能。伍迪杨古岩石阵是澳大利亚土著的遗址，阵中的石头呈椭圆状分布。该遗址可能在一定程度上被用来观察太阳周期，其中石头的摆放用来指向二分点和二至点的落日点。与伍迪杨古岩石阵相比，昌克罗的“十三石塔”则以更令人信服的方式证明了建造者的天文学知识和石塔阵的测定功能。“十三石塔”在两个观测点之间沿南北走向直线排列，当在观测点发现太阳从塔阵一端的石塔后方升起，且在另一端的石塔后方落下时，对应的那一天就是二至日。这些石塔可能被用来确定全年的日期，但由于日出和日落点沿着地平线移动的速度在二至日前后会放慢，因此这种测时方法的误差应该在数天以内。

现存最古老的将一天细分为若干小时的计时工具来自古埃及。其中的 T 形投影钟出现在公元前 1500 年左右，另外一种则是出现在大约一个世纪之后，可以计时或测定短时间间隔的水钟。水钟，或称刻漏，是一种简单的开放式容器，从上至下逐渐变细，底部有一个小孔，水可以缓慢地从小孔滴漏出来。时间是根据水位相对于容器内壁的刻度表示的，锥形容器有利于保持均匀的水压，因此能以近乎平稳的流速标示时间。日晷曾是最可靠的时间测量装置，可以用来作为水钟的校准工具，人们因而可以在夜间使用水钟，或者用水钟测量较短的时间间隔。

古埃及天文学的影响持久而深远，这不仅得益于有利的气候条件，更重要的原因是古埃及人发明和使用的历法。该历法将 1 年分为 12 个月，每月 30 天，年终额外增加 5 天，去对应一个太阳年。这部古埃及历法简单实用，为比较和研究更古老的天文观测提供了方便。我们现在的计时体系其实也承自古埃及，即分别以 12 小时、60 分钟和 60 秒为时间单位。古埃及人延续了苏美尔人和巴比伦人为数学运算开发的六十进位制，并将白天分成十部分，外加两部分表示黎明和黄昏，我们今天使用的一天 24 小时计时制就是在这个基础上逐渐演化形成的。

在由日晷决定的民间计时系统中，白昼和夜晚的时数相同，每小时的长度会随着季节而变化。这种笨拙的计时体系对天文学来说没有实用价值。利用递次观察固定恒星出现在同一个位置时的时间间隔，人们创建了“恒星时系统”。观察这些“校钟恒星”的工具是一根有凹口的木棍，叫作“麦开特”（merkhet），以及一条对准北极星的铅垂线。一个恒星日是地球绕自转轴完全旋转一周所需的时间。但由于地球自转的同时还在围绕太阳公转，所以如果以太阳为参考恒星，一个太阳日会稍长一些。也就是说，当太阳再次位于最高点之前，地球需要再多旋转一度，对应差不多四分钟的时间。后人曾在一些石棺中发现恒星时与民用时的转换表。

古埃及人改进了用于测量一个恒星日时长的水钟。古罗马建筑师维特鲁威（Vitruvius）在《建筑十书》（*De Architectura*）里描述了这项新设计，并将这项发明归功于公元前 250 年左右的古希腊物理学家克特西比乌斯（Ktesibios）。改进后的设计使用了两个储水箱，克服了水压不均的问题。第一个容器是一个简单的漏壶，有恒定水源保持水箱始终处于盈满状态，以便在恒定水压下让水均匀流入下面的容器。随着下面水箱内水位的上升，漂在水上的带指针的浮子也会上升，指针所指的刻度对应着流逝的时间。如果采用刻度圆盘标示时间，可将浮子连接到齿条和小齿轮[1]上，也可连接到滑轮另一端系有重物的绳子上。

维特鲁威在书中还描述了另外一种刻漏。这种刻漏上有一个标有星座图的圆盘，在固定的参照线后面旋转，可以即时标示出地平线、经线、黄道和回归线等。这种古罗马时期的星座盘遗物遍布欧洲，表明它们的使用范围在当时相当广泛。这类刻漏的应用功能不大可能类同于今天的公共时钟，更有可能被当作占星工具。

在古典时代，研究天体对事物的影响曾是自然哲学的相关内容，也是天文学产生的主要动机之一。古希腊天文学家克罗狄斯·托勒密（Claudius Ptolemaeus）出生于公元1世纪末期，他的代表作有数学天文学汇编《天文学大成》（*Almagest*）和《占星四书》（*Tetrabiblos*）。这两部著作出版时间接近，《占星四书》的影响力相对而言小于《天文学大成》，书中阐述了天文运动的占星作用。到了希腊化时代，原先专属于皇家宫廷和军队的占星术传播到了民间，以基于出生地和出生日期的本命占星术最具文化价值。占星术从业者必须了解所选时间对应的意义，且拥有良好的天文学理论知识，同时也能编制或使用星历表。

伊斯兰手稿中对占星师的描述和插图表明，他们常用的三种占星工具为星历、尘板（类似于黑板）和星盘。星盘是中世纪使用最广泛的时间测定仪器，它的存在很大程度归功于托勒密的《平球论》（*Planisphaerium*），这部著作介绍的立体投影法，是将天球投影到星盘上的基本方法。因为流传至今的早期星盘非常少，所以我们并不清楚星盘的具体发明时间，但古希腊数学家赛翁（Theon of Alexandria）关于星盘构造和使用的论述给了我们一些启示。现存最古老的伊斯兰星盘可追溯到公元927年或928年，它们目前由阿尔萨巴赫收藏馆（al-Sabah collection）保存。

星盘是一种多功能仪器，具有各种用途。它是便携式星体图，经调整后可以反映任何给定时间和日期内的天体分布，因此对学习天文学的人来说，是一种非常有用的学习工具。星盘可以用来测定任何一个季节的时间，并不仅限于任何一个特殊节气。

星盘的背面也很少被闲置，通常会刻有占星信息或配备其他工具。[2]

伊朗城市伊斯法罕（Isfahan）的阿比·巴克（Abi-Bakr）在1221年或1222年制作了一个星盘，背面主要由一个早期的精密传动装置构成。该装置的啮合轮具有不同的齿数，用以调节星盘各部分的相对运动，以便指示月相和月龄。[3] 该装置还配有对应的日历，可显示太阳和月球的相对位置。阿比·巴克星盘的齿轮位置和设计与波斯天文学家比鲁尼（al-Biruni）在大约1021年展示的设计高度一致。为使人工切割齿轮更精确，阿比·巴克星盘的齿数在修改后多为偶数。

在古代手稿和月球模型的齿轮中发现的等边三角形齿轮，与古代机械天文模型中被称为安提凯希拉（Antikythera）的轮齿相同。由于在2005年采用了改进的X射线分析法，安提凯希拉机械装置的原始功能目前已得到充分认证。其精密复杂的齿轮传动系统，模拟了希腊地心说宇宙观中的太阳、月亮和当时已知的五个行星的运动。除了计算月食和日食，它也可当作历法工具，辅助确定每四年一次的泛希腊运动会的举办时间。

安提凯希拉机械装置能够幸存并流传至今，其意义的确非比寻常，它证明了当时希腊的机械制造水平已经相当高，并且掌握了十分复杂的精密传动技术，但同时也暴露了一些技术缺憾。虽然齿轮传动星盘是古希腊传动知识幸存和得以传承的确切证据，但这些知识通过文献传承的可能性更大，例如维特鲁威和古希腊数学家海伦（Heron of Alexandria）在他们的论著中曾提到60°角轮齿。中世纪伊斯兰地区所制时钟的工作原理则完全不同，例如哈伦·阿尔-拉希德（Harun ar-Rashid）在公元807年向查理曼大帝展示的复杂自动装置，主要依靠杠杆和滑轮，基于气动原理运行，而不依赖于齿轮的机械传动技术。

到了20世纪，人们通过翻译和研究中国的文献发现，当西方世界相对而言处于技术空白的时期，中国已经制造了先进的大型刻漏。它利用传动装置模拟天体运行，满足了皇家对历法和占星的需求。中国建造的大型水力驱动天文模型始于公元2世纪，由张衡发明。张衡用一个小功率漏壶成功驱动了一个青铜天球，使其缓慢旋转，展示了其卓越的工程技艺。这个天球直径为14.5英尺，为免受天气影响，该球体被放置在室内，以便皇帝和官员能舒适地观测天象。[4] 屋顶的平台上配备了一座用于观测的浑天仪，便于天文官检测模型的运行是否正常。事实上，虽然张衡的仪器规模较大，但它与西方星座盘式漏壶的效果是一样的。

8世纪时，受印度影响，中国的天文学实践逐渐倾向于使用托勒密的方法，因此发生了根本性变化，成为整体历法改革的一部分。唐代僧人一行曾受皇帝委托重建历法，为了改进日食和月食的预测效果，一行修改了浑天仪上的环道，摒弃了之前顺着天球赤道进行观测的传统，开始沿着黄道进行观测。一行的影响力并不仅限于天文学，他对时间测定也有贡献。他发明的水运浑天仪同样可被称为时钟，因为这不仅是个天文模型，还设有两个木人，其中一个木人每隔一个时辰撞一次钟，另一个木人则每隔一刻钟敲一次鼓。这项功能表明，与拜占庭帝国建立贸易关系后，中国可能受到了西方技术的影响。该装置通过一个定时停止和启动转轮的刻漏调节，驱动水轮流畅而稳定地旋转。这项技术在机械钟历史上具有决定性的意义。

这种被称为擒纵装置的机械部分是所有机械钟的心脏。英国科学家李约瑟（Joseph Needham）认为，在11世纪被北宋官员苏颂称作“天衡”的擒纵装置，在机械钟发展历史中被遗漏了。尽管在阿拉伯科学家加扎里（Jazari）最后一部手稿中有证据表明，这种擒纵结构的知识是从中国传播到了西方，但它与冕状轮擒纵机构没有任何相似之处，后者普遍存在于早期的欧洲钟表中，最早记载可追溯至14世纪中叶。[5] 该证据表明第一座机械钟的确由中国人发明，但也说明欧洲钟表并未继承采用相同的机械原理。

追溯机械钟在欧洲的起源时，我们可以在英国天文学家罗伯特·安格里克斯（Robertus Anglicus）为萨克罗博斯科（Sacrobosco）的《天球论》（De Sphaera，约1230年）所做的注释（1271年）中，找到一个重要的参考信息。在关于恒星时和视太阳时的章节，安格里克斯提到了一种“只差一度角所对应的时间”，就可以“在日出与日落之间完整旋转一周”的时钟。这个描述本身并没有太大意义，因为相对于维特鲁威描述的带有指代式刻度盘的刻漏，这个时钟并没有任何改进。但重要的是安格里克斯十分熟悉重力驱动的时钟工作原理。或许他看到的是一个隔间刻漏，这种刻漏利用重力锤的牵引力作为惯性制动力，减缓传动齿轮的旋转。《天文学智慧集》（*Libros del Saber de Astronomi*）一书中也描述过这种装置，这是天文学和机械学知识从伊斯兰世界传入中世纪欧洲的一部关键著作。该书由卡斯提尔王国（Castile）的阿方索十世（Alphonse X）授命编撰，完成时间比安格里斯为《天球论》作注释晚十年。然而，这只是欧洲机械钟发展历程中的一部分，而关键的组成部分，即擒纵机构，在14世纪中期之前未见任何记载。

钟表历史上的这个关键时期曾使用单词“Horologium” 表示

“时钟”，但这个单词在当时含义并不明确，可以指代任何与时间有关的仪器，包括日晷、沙漏、水钟、机械钟、自动钟，甚至手敲钟，这样的表述掩盖了这个时期在历史上的重要地位。英国天文学家理查德和意大利钟表匠乔瓦尼·德·唐迪（Giovanni de' Dondi）在手稿中描述了装有齿轮传动装置的天象仪，里面记载了最早的机械擒纵装置。这些天象仪都由带有机械擒纵装置的简单时钟驱动。两份手稿均未明确指出擒纵装置的发明者，而且在其描述中，擒纵装置与天文传动装置相比，显得并不是很重要。的确，初期的机械钟本身单独作为科学工具的用途十分有限，但当它驱动一个天文模型时，便满足了唐迪从学术角度更深入了解天文学的初衷，他认为占星术此前一直在干扰天文学的研究。唐迪和理查德描述的设计有如计算机的雏形，它回避了复杂的数学计算，简化了天文学的操作过程。理查德的时钟能够以“百万分之一点八”的误差给出一个太阴月的周期（大约 29 天半）。

在欧洲，皇室出于对天文学的浓厚兴趣，为数学家和仪器制造者提供了钟表改进所需的财政支持，而唐迪的天象仪在这一进程中则发挥了重要作用。神圣罗马帝国皇帝查理五世（Charles V）于 1529 年在博洛尼亚（Bologna）加冕，也就在当年，他对唐迪的天象仪产生了兴趣。皇帝将修复天象仪的任务交给了机械师贾内洛·托利亚诺（Gianello Torriano）。托利亚诺因现有仪器状况不佳而拒绝修复，但提出自己想重新制造一个新型的同类设备。根据西班牙历史学家安布罗西奥·德·莫拉莱斯（Ambrosio de Morales）的记录，托利亚诺用了近 25 年的时间造出了新设备，并在此过程中发明了轮齿切割机，有效地提高了齿轮的传动效率。

冕状擒纵轮自身也存在一个缺陷：当驱动力增加时，计时会加速；驱动力减弱时，计时会放慢。托利亚诺的齿轮切割机本可以在某种程度上减小轮齿不均导致的驱动力变化，但由于他的天象仪使用了1800个啮合轮，时钟驱动器负荷过大，所以计时很难保持稳定。唐迪在他的手稿里曾描述如何通过增减冕状原始平衡摆的重量来粗略调节时钟，这种办法对简单的机械钟也会起到一定作用。第谷·布拉赫（Tycho Brahe）也曾向黑森-卡塞尔伯爵威廉四世（Wilhelm IV）抱怨自己的重力驱动时钟在固定周期内会越走越快。他后来发现这种状况是由绳索的重量引起的。驱动重物悬挂在绳索上，当重物下降时，下行部分的绳索变长，重量增加，从而导致驱动力增加。

钟表制造师约斯特·比尔吉（Jost Bürgi）发明了一个辅助驱动装置，大幅度减小了驱动力变化的问题。[6] 这个装置与他的交叉节拍式擒纵轮结合使用后，达到了前所未有的计时稳定性，可将时钟每天的计时误差减少到一分钟之内。[7] 我们不知道第谷的钟表是否由比尔吉制作，但考虑到第谷与威廉四世的关系，它们很可能会采用比尔吉的设计。第谷曾经表示自己在工作时会同时使用两个时钟，以便比较它们的走时偏差，并将这个偏差计入观察结果中。比尔吉的技能在当时备受推崇。1604年5月，他被安排到布拉格宫廷工作，薪酬在整个宫廷排第三位，仅次于皇帝的医生和财务主管。比尔吉的时钟第一次为天文台提供了实用的时间标准，而第谷对时钟的熟练使用也为其继任者约翰尼斯·开普勒（Johannes Kepler）提供了可靠的数据，帮助开普勒取得了突破性进展，指出行星的运行轨迹是椭圆的。

毫无疑问，17世纪最重要的科学发展成果之一是伽利略对钟摆计时特性的理解和开拓，这项成就是现代早期物理学的开端。

考虑到单摆结构比较简单，所以很难说是谁发明了单摆。伽利略的重要贡献在于，他用不同质量的材料制作摆锤进行实验后发现，单摆的摆动周期完全取决于摆臂的长度。他指出："摆长与周期的平方成正比，因此，如果想使一个单摆的振动周期是另一个单摆振动周期的两倍，那么其摆长必须是另一个单摆摆长的四倍。"

仅仅利用一个简单的单摆当作测量工具是不切实际的，因此伽利略最初是将单摆作为一个时间校准工具，校准当时已有的其他测量工具，比如刻漏和秤。在单摆的数次摆动周期内，将一个简单刻漏中流出的水收集到一个玻璃杯中，然后将收集的水称重，找出时间和水重量的对应关系，随后只要准确地称出刻漏的出水重量就能得出准确的时间。他的秤能精确到一格令①的1/60，因此可以在实验中做出非常精确的时间测定。但如果要获得作为常数的重力加速度值，他必须准确地测出单摆的周期。在1632年8月1日写给意大利天文学家乔瓦尼·巴蒂斯塔·巴利安尼（Giovani Battista Balliani）的信中，伽利略概述了自己在实验小球沿斜面下滑时对时间的测量方法。同时，他还在四位耐心又好奇的朋友的协助下，保持单摆摆动，观察一颗选定恒星两次通过一个固定参考点期间（一个恒星日）钟摆的振动次数。结果是：在同一恒星连续两次经过其轨道最高点的间隔期内，伽利略与其助手一共记录到234567次振动，从而计算出单摆振动周期大约为一个恒星秒的1/3。

---

① 格令是历史上使用过的一种重量单位，最初在英格兰一颗大麦粒的重量为1格令。

许多地方都有人在从事单摆的研究，法国神学家马兰·梅森（Marin Mersenne）和意大利天文学家、耶稣会牧师詹巴蒂斯塔·里乔利（Giambattista Riccioli）都曾在这个领域取得过进展。里乔利在《新天文学大成》（*Almagestum Novum*）中记录了自己的实验，他尝试利用沙漏和日晷确定单摆的长度。同伽利略一样，他也尝试了 24 小时计数操作，他还专门为此招募了 9 名助手。值得一提的是，里乔利和助手用分割歌曲节拍的方式记录短臂单摆的高频振动次数，这其实也证实了德拉克（Drake）的推测，即伽利略也曾使用音乐节拍测定较短的时间间隔。

梅森则利用单摆的摆动半程和自由降落的球研究重力加速度。他将单摆悬挂在墙面的钩子上，用一只手握住摆锤和小球，然后将摆锤从墙上拉开到指定的角度，再同时放开摆锤和球。在实验中，他通过调节悬挂的高度（摆长）改变单摆的摆动频率，直到摆锤撞击墙壁的声音和球自由降落撞击地面的声音重合。通过改变单摆的长度，可以得出从任何给定高度小球降落的时间。梅森的方法虽然取得了较好的效果，但却受限于人类感知的精确度，他承认自己无法辨别小球从 3 英尺和 6 英尺高降落时产生的差异。

荷兰外交官康斯坦丁·惠更斯（Constantijn Huygens）是那个时代与外界联系最广泛的欧洲人之一，伽利略和梅森都曾与他有过通信。1638 年，荷兰宫廷将一条珍贵的金链送给伽利略，表彰他通过观察木星的卫星测定了经度，但出于政治原因，伽利略并没有接受这项馈赠。伽利略也曾向荷兰宫廷提议用单摆作为工具之一解决经度问题，他提出了一个带齿轮传动装置的计数器，由连接在单摆杆上的制转杆驱动，制转杆带动齿轮转动，钟摆每摆动一次，齿轮转动一个齿距。[8] 令人好奇的是，列奥纳多·达·芬奇（Leonardo da Vinci）在《马德里手稿》（*Madrid Codex*）中描绘了一个非常相似的设备。达·芬奇没有说明这个装置的用途，但描述了当时常见的冕状轮擒纵机构的改进方法，即将弹簧支撑的擒纵叉固定在单摆上，为冕状轮提供单向驱动力。

康斯坦丁·惠更斯的儿子克里斯蒂安·惠更斯（Christiaan Huygens）向世界证明，自己才是机械摆钟的发明人，尽管这个结论还有争议。他为此出版了描述自己发明的机械摆钟工作原理的小册子，分发给全欧洲有影响力的宫廷大臣、数学家、天文学家和作家。在这本小册子里，克里斯蒂安毫不谦虚地将自己的成就与马库斯·菲利普斯（Marcus Phillipus）的相提并论。后者曾为罗马制造了第一座精确日晷。紧接着他肯定了伽利略的工作：

> 从智者伽利略的原始教学内容可以看出，他发明了这样一种方法：观测者人工推动一个悬挂在轻链上的重物……通过使用这种方法，他们可以比以往更准确地观测到日食和月食，用同样的方式他们还成功测量了太阳的直径以及恒星之间的距离。
>
> （Robertson 1931；Edwardes 1970，43；Howard 2008）

这本名为《时钟》（*Horologium*，1658 年出版）的小册子并未能帮助他在其他国家获得专利，但正如惠更斯所说，“它能阻止不务正业的人胆大妄为，防止他们习惯性地把别人的发明当作自己的东西出售”。惠更斯从经度测定科学中看到了这项发明的巨大回报，也因此找到了确定自己优先发明权的充分理由，他说：

"只要将构造精致且准确无误的计时设备带到海上，就可以有效地完成经度测量。"

惠更斯与流放荷兰的苏格兰保皇党人亚历山大·布鲁斯（Alexander Bruce）合作制造了用于航海的摆钟，并做了实际检验。在早期实验取得令人鼓舞的成绩之后，他还于1665年指导海员们使用他的航海钟。但并不是所有人都认可其航海钟的可靠性，于是，惠更斯便希望通过前往西印度群岛的航海试验来消除所有人的怀疑。1666年，法国科学院的成立为惠更斯提供了一个接受公平检验的机会，科学院成立的部分原因就是为了改进法国的航海能力。法国天文学家让·里歇尔（Jean Richer）受命将惠更斯的时钟带上"圣塞巴斯蒂安号"（Saint-Sebastien）向西航行。然而在距离法国海岸线不远的地方，船只遭遇了风暴，风暴对时钟造成了灾难性的破坏，因此里歇尔决定停止试验，这令惠更斯十分不满。

由于里歇尔放弃了试验，惠更斯因此无法为他的发明获得更多佐证性数据，他原本打算在1672年出版《论摆钟》（*Horologium Oscillatorium*）一书发表这些数据。法国科学院于1672年组织了前往法属圭亚那首府卡宴（Cayenne）的航海实验，打算通过观察火星和太阳的视差来研究太阳系的大小，这次航行被约翰·奥姆斯特德（John Olmstead）称为现代科学考察的雏形。惠更斯此次并未将他的航海摆钟送去做第二次试验，很可能是因为参与此次航行的天文学家是里歇尔。

摆钟也许并不适合作为海上航行仪器，但事实证明，它在陆地上的使用极大地推动了天文学的发展。此外，在1672—1673年的航行中，它意外地推动了大地测量学的发展。里歇尔发现，他的摆钟在巴黎能正常运行，但在卡宴会走得慢一些，因此需要缩短钟摆。为了排除偶然因素，里歇尔制作了一个简单的秒摆，在卡宴他用时钟校准了秒摆，以便返程时带回巴黎进行比较。艾萨克·牛顿在第三版的《自然哲学的数学原理》（1726 年出版）中称赞了里歇尔的勤奋和细心。牛顿整理了他的朋友埃德蒙·哈雷（Edmond Halley）和其他很多人在不同纬度上针对不同秒摆长度所做的观察结果。哈雷在 1677 年从圣赫勒拿岛（St. Helena）①对南半球的恒星进行编目时，也观察到了同样的计时发生变化的现象。基于这些观察结果，牛顿提出，钟摆速度的改变源于地球引力的变化。因为地轴比赤道的直径短，也就是说地球不是一个圆球，而是一个扁球体。

由于乔纳斯·摩尔爵士（Sir Jonas Moore）资助了英国天文学家约翰·弗拉姆斯蒂德（John Flamsteed）的研究，摆钟在伦敦得到了进一步发展。摩尔爵士委托钟表匠托马斯·汤皮恩（Thomas Tompion）制作了两个全年运行的摆钟，计划安装在新修建的格林尼治天文台中。制成后的两个摆钟的准确度在当时可谓无与伦比，且为随后进行的、证明地球自转速度恒定的研究工作奠定了基础。在那之前，地球以恒定速度旋转一直是一个基本假设。这两个摆钟配有小角度摆动的沉重钟摆和一个直进式擒纵轮。人们通常认为直进式擒纵机构有利于获得更高的精确度，但这并不一定是事实，因为其他精心制作的类似装置也具有同样效果。它的主要优势是刻度盘上的秒针会在钟摆振动周期内保持静止，因此天文学家能一目了然地将时间读到最接近的秒数。这些摆钟可以看作

① 南大西洋的火山岛。

是未来 200 年里辅助天文学家开展研究的精密摆钟的雏形。

1675 年，格林尼治天文台建成后不久，克里斯蒂安·惠更斯便在皇家学会主办的刊物《哲学汇刊》（*Philosophical Transactions*）上发表文章，描述了如何将卷状弹簧应用于怀表的平衡系统中。惠更斯所称的发明激怒了该学会的实验负责人罗伯特·胡克（Robert Hooke），胡克称自己大约 17 年前就已做过相同的演示，并指责这个荷兰人“用别人的羽毛装扮自己”。但从实用角度看，惠更斯阐述的设计是实用可行的，并且随后成为制表的标准。

在游丝[①]出现之前，怀表的确无法稳定计时，因此大多数表仅用一个时针指示时间，误差在 15 分钟内。这些表也有前面提及的冕状轮擒纵机构的缺陷，除此之外还有其他各种问题，最明显的是盘绕的主弹簧的功率输出不稳定，而且由于怀表的便携性，它们也会受到无法预测的移动因素的影响。英国皇家学会的一位创始人罗伯特·莫里（Robert Moray）在写给朋友亚历山大·布鲁斯的信中，曾简要地阐述了使用游丝之前那个时代怀表的局限性。他写道：从来没有两块表能保持一致地计时两分钟。在信中，他还称自己拥有的一块怀表能测定脉搏，目前尚存的这类怀表的样品已经所剩无几。

我们不知道第一只停表是什么时候制成的，但可以肯定的是，大约从 18 世纪 20 年代中期起，汤皮恩的继任者乔治·格雷厄姆（George Graham）制造了不少高质量的停表。有些当代学者将他的设计描述为“非常精确的自动装置”，能测量小于半秒的时间间隔。这些停表的外观在整个 18 世纪都很流行，看起来和怀

---

① 装在仪表指针的转轴上或钟表等的摆轮轴上的弹簧。

表一样，能够显示时、分和秒。尽管停表的使用在天文学界非常普遍，但它们的具体应用却很少被记录下来，也许是因为使用者觉得这些过程太过普通，不值得付诸文字。18 世纪 60 年代，在海上进行的利用月球距离法测定经度的实验中，停表是与象限仪结合使用的。英国皇家天文学家内维尔·马斯基林（Nevil Maskelyne）在他的个人备忘录中提到，他买了一只误差小于 0.1 秒的停表，但却从未提及这只表的实际应用过程。

马斯基林很可能用这只停表记录了恒星凌日的时间。他的望远镜镜头上有一条垂直线，他坚信在恒星凌日穿过垂直线时，自己的时间记录误差可以控制在 0.1 秒之内。根据马斯基林的描述，他先记下停表上显示的秒数，然后迅速将视线转向望远镜，

图 1.1　第五任皇家天文学家内维尔·马斯基林委托制造的短间隔计时器，误差可小于 0.1 秒（National Maritime Museum）

并在镜头中垂直线的两侧各自选定一个大致的位置，再根据停表的滴答声最终确定这两个位置，也就是说这两个位置都对应一个整数秒。这样就很容易根据两个位置之间的距离和扫描的时间准确地确定恒星穿过垂直线那一刻对应的时间。这个“耳听目测”的方法是由天文学家詹姆斯·布拉德利（James Bradley）发明的，马斯基林之所以提及这个方法只是为了解释为何自己于1796年解雇了一位助手。如果不是因为如此，我们对马斯基林的计时观察法可能会一无所知。

停表同样以默默无闻的方式应用于其他科学领域。例如，人们在使用苏格兰物理学家威廉·汤姆森（William Thomson）的象限静电计测量电流时也会用到停表。在测量中，待测电流会流经扭转悬架上的一个轻金属片。与金属片连接的圆盘被分为四个象限，在未接通待测电源时，系统具有来自电池的恒定电压，当待测电源接通时，金属叶片会在电场中发生偏转，在这种情况下停表可以用来确定偏转速度，而得出的偏转速度可以用来计算电流。

雅克·居里（Jacques Curie）和皮埃尔·居里（Pierre Curie）对“汤普森静电计”做了改进之后，将其用到了自己的实验研究中，并且于1880年宣布发现了“压电效应”。他们测量了石英和其他晶体被压缩后产生的电势，并得出了压电材料上产生的电势与施加在材料上的压力成正比的结论。当玛丽·居里（Marie Curie）使用静电计测量放射性时，她在电容器的两块金属板之间加了固定电压，散布在其中一块金属板上的放射性物质对电容内的空气产生电离作用，在电场作用下形成电流。在这个实验中，她没有通过计时测算轮叶偏转的速度，而是利用压电效应做出了更精确的定量分析。她利用一个压缩石英晶体为静电计提供工作电压，所以可以通过增加晶体压力微调工作电流。

虽然在研究放射性时毫无用处，但在20世纪的前25年里，停表仍然在其他领域与静电计一起发挥作用。天文学家在望远镜中使用连接静电计的光电管观察食变双星。从光电管产生电流的变化可以间接测量光通量的变化，进而可以测定恒星的体积和重量，这个过程便用到了停表。

与实验或观察结果相比较，停表只是科学探究中的辅助工具，因此显得微不足道。艾萨克·牛顿在自己最重要的一本实验记录簿中，仅有两次提到短间隔计时，而且都参考了罗伯特·波义耳（Robert Boyle）的结果。第一次描述了一个时长约15秒的制冷过程，计时装置是一只没有游丝但带有分针的表。第二次谈到了一种治疗痔疮的药，称这种药可以在背诵主祷文所需的很短时间内生效。

虽然时间测定工具的发展并不一帆风顺，但计时器的应用却持久不衰。较之发条装置，无论是刻漏还是机械钟，在大多情况下都屈居天文计时器中的末位，而科学仪器在科学史著作中出现的频率也决定了它们的等级地位。作为天文学家使用的工具，那些相对而言不那么重要的仪器，其地位也有了一定的参考基准，正得到更多的认可和介绍。但除了早期经典著作和一些在精度上具有里程碑意义的事件介绍中对时间测定工具有所描述之外，在已出版的文献中，关于这类工具应用的描述往往是伴随科学进程中所涉及的问题附带引出的。排在重要性序列尾部的仪器注定色彩暗淡，例如停表。因为相对于这些仪器为之做出贡献的科学成果而言，那些使用它们的故事太过平淡无奇。

第二章

度量衡

【赫克托·维拉(Hector Vera)】

赫克托·维拉是墨西哥国立自治大学大学与教育研究所的研究员。出版专著《重量公斤——墨西哥公制体系的历史》(*A Peso el kilo. Historia del sistema métrico decimal en México*, Libros del Escarabajo, 2007)等。

度量衡史学

度量衡的历史涉及众多领域，使得相关研究显得非常复杂。首先，它包含了计量工具和技术，另外还需要建立一个定义计量单位及其分类方法的系统。其次，度量衡历史的研究还包含对测量者和他们为之工作的机构与组织的研究，以及他们和被测者的关系。最后，还有更广泛意义下的制度和信仰体系对度量衡实践的制约，如政治权威、经济结构、计算能力以及对量化、正义和公平理念的理解，等等。在大量的社会活动中，这些维度的相互作用广泛而且频繁，如各种规模的商业交易、税收、土地测量、人口普查、建筑、航海、采矿、规范军事装备和制图等活动。

使用广义的度量衡史学分类，人们会谈及测量史的百科性、社会性和文化性。测量史的百科性主要研究如何汇编和整理在各个历史阶段使用的计量单位、算法、仪器、法规和体制等基本信息。这项工作包括确定旧计量单位转换为公制单位后的近似值，十分繁琐艰辛。这类工作有时候并不具备分析深度，但却有很强的实用性。例如，茹普科（Zupko）在1968年编撰的有关法国大革命之前度量衡的词典表明，在公制计量单位发明之前，计量单位具有惊人的多样性（欧洲曾有391个被称为“磅”的计量单位，282个被称为“英尺”的计量单位，其在数值上均不相同）。这个领域还有一些学者利用文物来确定古文明中可能使用了哪些计量单位。

在只有数据挖掘和收集的那个阶段，计量史学曾被视作一门仅具有辅助性的史学。然而，20世纪的历史学家提出：度量衡可以成为研究众多问题的切入点。正如年鉴学派的创始人之一马克·布洛克（Marc Bloch）所说：“计量史学看似无足轻重，但在一个优秀的研究人员手里，度量衡研究可以成为揭示主流文明的工具。”受这些思想的启发，许多历史学家着手开拓和发展与物质生活、生产经济关系及阶级斗争等主题密切相关的测量史。其中一位主要的开拓者是波兰历史学家维托尔·库拉（Witold Kula），他于1986年出版的《测量与人》（*Measures and Men*）一书很可能是目前最具影响力的计量史学书籍之一。

近年来，一系列被称为“测量文化史”的研究凸显了计量体制和实践中的其他重要方面，强化了先前被遗忘的一些历史人物所发挥的作用，揭示了正统科学知识与民间知识间的交流。在这里，处于前沿的测量史研究是围绕测量意义、测量价值和测量思想三个方面进行的，具体而言，会涉及社会信任、测量精度、测量的量化及测量的一致性、同一性和客观性等因素。

在考虑了这些历史研究趋势之后，我们应该做的是从中找到一些富有成效的组合研究方式。在研究度量衡的历史时，我们必须了解任何一个特定社会中的测量方法和测量对象，这就需要根据细节建立不同的研究模型。同样，将有地方特性的测量行为和体制中所包含的测量意义、测量实践和测量知识与更大范围内的社会、政治和经济发展进程相联系也至关重要，因为这些都可以成为促进或阻碍测量体系发展的因素。

计量：政治与经济

在大多数情况下，科学论断并不是度量衡系统制度化和标准化的主要推动力，政治和经济需求反而起到了更重要的决定作用。计量学首先是一门国家层面上的科学，国家有权规定谁可以做测量，什么可以作为测量对象，以及必须使用什么方法来完成测量。每个国家都有意愿控制度量衡并垄断合法的计量手段。国家之所以希望垄断和控制计量权力，是因为稳定的计量体系有助于管理者履行重要的政治职能，如加强税收能力、巩固内部市场、削弱地方当局的影响、使人口和经济资源清晰明了、减少商业欺诈并加强司法管理等。另外，在一个特定的区域内制定一套计量系统也的确需要足够大的国家权力。

计量系统的应用也是一项知识的传播工作，因为系统的当前用户和未来用户都需要学习如何使用这个系统。这个系统还会促成知识的生成，也即国家主持下的知识生产，包括发行计量应用手册、公布各类计量应用报告、给出公制单位与民间传统计量单位之间的转换关系、提供地方计量目录和单位转换表等。因此，现代国家会招募和培训大批工程师和科学家，担任计量学家、测量员和度量衡督察员，来履行这些职责。

国家是帮助人们、要求人们，甚至有时强迫人们学习和使用新测量单位的最有效机构。任何科学家和经济界人士都无法做到这一点。成功的计量标准化只有在有效地结合以下两项基本措施的情况下才有可能：其一是维护和监管国家正式计量单位的使用；其二是为国民提供学习计量系统的途径。有效的计量标准化需要强制性，而强制性在本质上是一项政治措施，也是一项国家措施。美国等国家所经历的从英制向公制“自愿转换”的失败尝试便证实了这一点。

除此之外，经济利益也是影响计量法规的主要因素之一。计量是经济活动中的关键认知过程之一。计量系统是一个经济体系的组成部分。制定度量衡标准对一个经济体有着特殊的重要性，因为经济交换需要用到计量。所以，当出售不同的商品或以物易物时，便有必要了解交换产品的合适数量。商品出售时会使用重量、长度和体积的计量单位。经济活动需要各方都能接受和认可的计量公约。正如美国经济学家诺斯（North）所说：“所有交换的基础是计量……价格和数量最终反映的是经济活动参与者权衡和掌控这两项经济指标的能力。”

计量系统的产生和发展与特定的经济关系密切相关。量的测定是对经济学术语定义下数字的实际操作和使用。计量系统是在特定的经济关系中发展起来的。例如农民使用的计量系统与商人使用的会大不相同。它们在精确度、复杂性及标准化方面会有很大差异，部分原因是因为它们要满足不同的经济需求。

古代的计量单位曾与人体密切相关，包括人体的尺度、伸展度和生产能力。例如，在哥伦布抵达美洲前后，中美洲人曾使用肘长、脚长和步长作为长度单位。“特拉马马莱”（Tlamamale）所表示的是一个人一天可以运输的重量。“一手”是表示五个单位，“一手玉米地”是指能够用掉全部五穗玉米的颗粒播种的面积。在玛雅文化中，“呼喊”是一个相当于四分之一里格①的长度单位，因为这个距离大致是人的喊声可及的距离。几乎所有文明中都有与此相同或相似的、带有人体特征的测量单位。

另外一类古代民间约定俗成的测量标准是从人类活动和劳动的目标及结果中逐渐演化出来的。波兰历史学家维托德·库拉称其为具有功能特征的古代计量。生产与运输技术、被测产品的性质和消费需求是定义这一类计量单位的关键要素。在不同文化中，石头投掷出去和箭射出去的距离都曾被用作测量距离的单位。而骡子、运货马车或货船可承载的负荷量则被用作重量单位。

在复杂的经济系统中，计量的标准化能够起到降低交易成本和改善信息不对称的作用。降低交易成本的一个重要环节是能够准确地说明要交易什么，以及交易量是多少。在度量衡的标准化还不够完善的时候，交易成本会相对较高，因为度量衡的不一致使得信息搜索耗费大量人力，得到的信息不仅难以确定其准确性，而且还经常没有规律可循。反之，度量衡的统一可以避免这些不必要的成本。但从另外一个角度看，即使是在标准化不充分的情况下，经济也能正常运行并实现增长。英国经济史学家悉尼·波拉德（Sidney Pollard）已经证明，在资本主义经济背景下，民间计量系统和技术虽然错综复杂，却也表现出很大的灵活

① 长度单位，1 里格约为 3 英里。

性。经济史研究员维尔卡（Velkar）就曾着重指出地方化的计量实践是如何在特定背景下克服集权控制下的计量系统及标准化带来的缺点，从而在经济参与者之间建立起相互信任的关系。

计量实践中这些根深蒂固的政治和经济因素可在当前使用最广泛的计量系统——十进制公制系统的发明、兴起和全球传播的历史中体现出来。

十进制公制系统

法国大革命时期建立的十进制公制系统是度量衡史上的一个分水岭，也是始于1789年法国大革命的重要成就之一。用美国科学史学家查尔斯·吉利斯皮（Charles Gillispie）的话来说："在科学家和其他普通人的日常工作和生活中，公制系统是法国大革命遗留至今的最具普适性的遗产之一。"英国历史学家埃里克·霍布斯鲍姆（Eric Hobsbawm）也曾说过类似的话："法国大革命遗留的最持久的、最普遍的成果就是公制系统。"因此，这个领域成为科学史研究热点也就不足为奇了。

对于公制改革中涉及的政治及经济因素，学者及科学研究院所做的相关工作，天文学家德朗布尔（Delambre）和梅尚（Mechain）为了定义"米"的长度去测量子午线弧的勇敢历程，以及公制系统中的基本单位等课题，学界都已经有过深入细致的研究。

19世纪之前，欧洲和美洲社会生活的重要特征之一是计量管理的多重性和独立性，即缺乏一个统一的政治集团来管理度量衡，而且对计量的管控权是政党间争夺的权力之一。虽然通常会有一个权威计量机构，但实际上这个权威机构经常会被忽视或遭遇挑战。法国在 1789 年 8 月 4 日结束了这一局面，封建特权被废除，领主们在自己领地内拥有的计量管控权被剥夺。这场革命将法国人统一在唯一的计量权威之下，解决了所有争议。公制系统的诞生与最高计量权威的建立几乎同时发生，这显然并非巧合。

公制最早是由 18 世纪一些著名的科学家设计的，其中包括数学家、天文学家和化学家，如拉格朗日（Lagrange）、拉普拉斯（Laplace）和拉瓦锡（Lavoisier）等。在开始的几十年里，只有科学家和知识分子在使用这个新系统，但如今世界上绝大多数人都会在日常交易中用到公制系统。由此看来，公制系统完成了一场令人难以置信的成功变革，从一项由少数科学家掌握的特殊知识变成了社会常识，而且不仅仅是隶属某一特定社会阶层的知识，它几乎已经成为全人类社会财富的一部分。

公制的建立是一项令人瞩目的伟大成就，尤其是考虑到这项改革在当时看来非常激进。因为这项改革包括多种变更：1. 计量单位的数值和所包含的单位数量；2. 计量单位的名称；3. 分类和每一类的分支系统。公制的发明者们创建了许多新的计量单位（米、升和千克），他们为这些单位提供了新的命名法，并且为支持十进制废除了十二进制和六十进制，最终成功地与旧系统彻底断绝了所有关联。[1]

1791 年，当谈到创建公制背后的理想和抱负时，法国自然哲学家和数学家孔多塞（Condorcet）强调它是为“所有时代的所有人”创建的。这一愿景显得雄心勃勃而且充满乐观，并且基本成为现实。公制成为所有人类活动领域表达长度、质量和体积的唯一通用语言。今天，95%的世界人口生活在以公制为唯一合法计量系统的国家里。公制到底是如何从法国一个激进的革命意图最终成为全球计量语言的？这是一个尚未得到充分探索的问题。

1799 年，在法国巴黎举办的国际科学家会议上，确定公制标准的需求达到了顶峰。会上，法国学者与来自西班牙、丹麦及法国管辖的一些共和政体的同僚合作，通过计算和验证确定了“米”的长度。创建者的主要目标之一是让该体系国际化，而这次会议是实现国际化的第一步。虽然很多人认为这次会议只是一场全球性的政治运动，但实际上它却成了公制知识的传播点。例如，参加会议的西班牙代表、军事工程师兼数学家加布里埃尔·西斯卡（Gabriel Ciscar）就在一年后的 1800 年发表了一份关于公制的简报——《关于新十进制度量衡的基础报告》。19 世纪上半叶，西斯卡的报告在拉丁美洲成为很多知识分子寻找西班牙语技术文献的重要参考资料。

在最初提出创建公制系统时，法国学者也曾考虑过与英国科学家合作，但法英的敌对情绪最终使这部分计划化为泡影。类似的事情也发生在美国，虽然托马斯·杰斐逊起初对建立国际计量系统的想法表现出一些兴趣，但他最终并没有响应法国国民议会的提议。实际上英国和美国均未参加 1799 年的巴黎会议，这在公制的后续发展中留下了持久的阴影，因为这两个国家成为公制在全球普及的巨大障碍。

公制的全球化

从历史记录上看，专家们为使用新系统而召开会议是公制得以国际化的主要途径，比如科学会议、国际博览会以及相关的外交峰会。在这一背景下，由 17 个国家签署的米制公约（Meter Convention）和 1875 年国际度量衡标准局（International Bureau of Weights and Mearnres）的创立便自然而然成为科学史学界的研究焦点。

19 世纪下半叶陆续产生了几项国际倡议，如创立国际标准时间、国际电报联盟、国际气象组织和万国邮政联盟等组织。在世界一体化的背景下，这一系列组织有助于建立国际标准化及协调机制，公制便是其中的一个重要组成部分，这样的国际理念同样加速了公制的全球传播进程。反过来，公制作为一个强有力的例证，也进一步强化了相应的国际理念。然而，过分自负的科学外交也出现在这个时期，导致法国和英国之间严重对立，英国于 1824 年颁布了英制计量系统，公然与公制系统分庭抗礼。1884 年，来自 30 个国家的代表在华盛顿特区召开了国际子午线会议，会议目的是确定一条合适的子午线，将其用作全球通用的 0°经线和计时基准。这次会议也成了英国与法国之间的一场科学及外交之争。法国提议英国采用公制系统，作为交换条件接受英国提出的子午线。然而，接受新度量衡系统并不在此次会议确定的议题之列，因此这个提案未被采纳。从那时起，时间认定中心定在了格林尼治，而度量衡的中心则在巴黎。

推进公制化的社会力量

虽然上面谈到的外交事件推动了公制系统的普及，但从这个角度难以探究世界各地的普通大众是如何开始学习和使用公制的。换言之，我们对数千名专家是如何接受公制系统已经有了很好的了解，但却不了解成百上千万非专业人士被迫使用公制的过程。为了填补这一空缺，有必要对公制背后更广泛的社会动态给予关注，如殖民主义和国家的形成。

政治变革和革命一直是公制系统的助产士。中国和俄国分别于 1912 年（当时清朝灭亡，中华民国成立）和 1918 年（十月革命终结了沙皇统治的次年）采用公制。这些情况的发生并非偶然。激进的社会变革引发了激进的度量衡改革。另外，国家的统一（如德国、意大利和保加利亚）也推进了公制系统的使用，因为这样做可以将原先拥有不同行政结构及计量标准的自治城市和地区统一起来。还有一些情况是当政治体制发生剧烈变化以后，国家顺势开始启用新的公制系统，这正是哥伦比亚、墨西哥和土耳其曾经发生的情况。

欧洲对海外属地的控制是推动公制传播的主要驱动力之一。通过殖民化引入公制系统在世界范围内大大增加了新系统的普及程度，从 1840 年的阿尔及利亚和塞内加尔，到 1957 年的东帝汶，都经历了这样的历史进程。目前，在欧洲之外，有四分之一的国家是由于被殖民统治才被迫接受公制的。到今天为止，所有前殖民地在独立之后，无一例外，都在继续使用公制系统，我们也许可以称之为公制的“自愿保留”现象。

如果殖民化是实现公制全球化的一个重要因素，那么殖民地的独立则对公制系统的普及更具影响力。为了解决殖民地因计量体制繁多而产生的问题，一些新成立的民族国家自发选用了公制；而另一些国家，尤其曾经是英属殖民地的国家也转向了公制。他们将这个举措视为一种解放运动，以此强调他们与帝国之间的差别。西班牙在美洲建立的殖民地成为第一批独立后自愿接受公制系统的国家。大部分拉丁美洲国家也都是公制系统的自愿使用者。他们是法国军事及地理影响区之外第一批自愿采纳公制系统的国家，使在欧洲之外使用公制系统成为现实。在法国之后首批采用公制系统的 20 个国家中，有 11 个来自拉丁美洲。它们与西欧一起构成了一个国家数量众多且至关重要的群体，这是公制系统在 19 世纪下半叶成为多国、多地区计量标准的必要条件，从而极大地推动了国际计量事业的发展。

第二次世界大战后，随着大英帝国的衰落，第二次公制化浪潮再度汹涌而来。1950 年至 2000 年间，共有 70 个国家陆续采用了公制系统。曾经是英国殖民地且使用非公制系统的地区在获得独立后，很快便决定将米和千克作为官方度量衡标准。当一个国家获得独立后，那些原本希望引入公制系统的人们看到了推动自己计划的新契机。例如，自 20 世纪初，印度就存在支持十进位货币制和公制的运动，但所有支持十进制的尝试都遭遇了挫折，因为殖民地当局希望等待英国先采用该体制。独立后，印度十进制协会（Decimal Indian Society）等组织在政府内部找到了更多乐于接受建议的人来实施改革，该愿景最终在 1954 年得以实现。

在少数情况下，公制系统也会通过多国签订协议的方式付诸实施。例如，中美洲地区于1910年签订统一度量衡公约，肯尼亚、乌干达和坦桑尼亚于1967年签署了采用公制的联合政府宣言，加勒比共同体（Caribbean Community）的15个成员国于1969年签订了度量衡协议。

到1950年，全世界被彻底划分为两大计量区域。世界上所有国家都在使用公制或者英制（后者是不断缩小的群体）。至于当时尚存的其余数百种计量体系，有的已经被彻底取代，有的只在某些国家得到有限的应用，有的则存在于地方社区内的地下流通系统。如果从更广阔的视角来看，公制和英制的巨大成功也意味着人类知识历史储备的巨大损失。正如语言的灭绝一样，地方与区域计量单位的消亡意味着数百代人积累的集体经验消失了。很难用具体数字去估量这个损失究竟有多大。世界上现有的为数不多的计量单位清单都极不完整。联合国在20世纪60年代进行了一项调查，列举出了898个计量单位。可以预见，这些计量单位中的大多数很快将会消失。在评估这种损失时，不仅要考虑已被公制和英制浪潮冲刷掉的单位的数量，也要考虑到有些传统计量系统的悠久历史和灵活性，因为这些系统在现今所有官方交易中都被禁止使用，所以，在不久的将来注定会从日常生活中彻底消失。例如，日本的尺贯法（shaku-kan system）自10世纪从中国传入后，一直使用了一千年，但却在1966年被取缔。

面临的挑战

为了解当今世界计量学系统的历史渊源，我们需要先搞清楚两个问题。首先，公制何以能够取代全世界数百种传统计量系统？其次，为什么是公制系统，而不是其他任何系统，成为全球通用的计量语言？

将世界各地数以千计的计量单位边缘化，甚至使之彻底消失，这是公制历史上最重要的一项成就。这一过程鲜为人知的一面是：公制系统曾面对许多公然向它发起挑战的专业测量系统。面对科学领域里的这些挑战者，公制系统取得了压倒性的胜利，最终决定了它在全球的成功应用，以至不同国家的专家们最终都提出了以公制为中心的计量改革计划。自 19 世纪下半叶开始，一旦国家的计量缺乏统一性，或与国际度量衡之间无法协调，每个国家采取的对策都是接受公制系统。

由于对这一现象认识不足，而且对挑战公制的其他度量衡系统的发明者缺乏研究，于是人们便会认为那些曾经的挑战方案在公制发展历史中所起的作用微乎其微，不值一提。而事实上，公制系统曾经面临过大量有威胁力的竞争。在 18 世纪 90 年代初期，法国学者创建公制系统之前或者几乎在同一时期，还有其他几个计量改革方案也在进行之中。我们在这里仅仅举几个例子，意大利的切萨雷·贝卡尔（Cesare Beccar）、英国的詹姆斯·瓦特（James Watt）和美国的托马斯·杰斐逊都曾经制定过度量衡改革方案。

其实公制系统与其他一些方案多有类同之处，尤其与 17 世纪加布里埃尔·穆顿（Gabriel Mouton）描述的一项方案相似度极高。因此，很难相信公制的胜利纯粹是基于它在技术上的优势。实际上根本性的区别是公制产生于一场社会革命。

在 19 世纪和 20 世纪，当民族主义国家寻求垄断度量衡的合适手段时，公制系统便成了一个现成可用的度量衡系统，其科学光环和已经证实的成功使它很容易得到认可。公制系统刚刚建立并开始在全球传播时，便遭到其他许多提案的挑战。这些方案包含了新的计量单位，其中一些以非十进制体系为基础，如 A. B. 泰勒（A. B. Taylor）于 1887 年出版的专著《八进制及其在计量系统中的应用》（*Octonary Numeration and Its Application to a System of Weights and Measures*）。

查尔斯·皮尔斯（Charles Peirce）是为数不多的研究过这些出版物的思想家之一，他当时是美国海岸与大地测量局（US Coast and Geodetic Survey）的计量专家。皮尔斯审阅了诺埃尔（Noel）于 1889 年出版的《计量科学暨自然度量衡：对公制系统的挑战》（*The Science of Metrdogy, or Natural Weights and Measure: A Challenge to the Metric System*），随后对诺埃尔的方案及其挑战公制的整体想法表示了极大的怀疑：

> 诺埃尔先生提出的度量衡系统和我们现行的英制系统几乎一样复杂和难以掌握，会产生令人恐惧的困惑，因为它保留了计量单位的旧名称，却改变了它们的变换率……挑战公制就犹如在挑战汹涌上升的浪潮。

一些颇有影响的抵制公制的运动，在这段时间此消彼长，前赴后继。19 世纪下半叶，大不列颠的一小部分科学家提出了“金字塔计量学”（pyramid metrology），他们认为胡夫金字塔是储藏神创计量体系标准尺度的地方，该体系以“希伯来肘尺”（Hebrew cubit）和“金字塔英寸”（Pyramid inch）为主要单位。“金字塔计量学”一直试图证明传统度量衡体系优于公制系统。其主要倡导者为苏格兰皇家天文学家查尔斯·皮亚兹·史密斯（Charles Piazzi Smyth），他曾在埃及为研究金字塔做了大量的实地考察。后来，到 19 世纪 80 年代时，汇集于国际保护和完善度量衡协会的一群美国工程师继承并继续鼓吹这个新奇理论，这是美国第一个明确反对公制系统的协会。

“金字塔计量学”引发的争议使得其倡导者被逐渐边缘化，甚至遭到了支持公制系统的知识分子的嘲笑。然而，他们为美国后来的反公制团体奠定了基础（即便不是知识层面的基础，至少也是组织方面的基础），这些团体在阻止公制化的过程中发挥了更大作用。有趣的“金字塔计量学”受到了学者们的充分关注，遗憾的是随后的辩论却未能得到史学界更多的青睐。这其中有两个重要的历史情节仍有待进一步研究。首先，学者们忽视了赫伯特·斯宾塞（Hebert Spencer）对英制的辩护以及他在 19 世纪 90 年代与公制系统的支持者——开尔文勋爵（Lord Kelvin）的积怨。其次，在美国，支持公制、组建了美国公制协会的科学家和教育家们与来自美国度量衡学会的工程师和实业家们之间长期存在对立和矛盾。

计量的道德经济与计量改革遭到的对抗

在广大民众中推行公制系统在很大程度上是来自政府的要求。虽然有时候一些专业团体会自愿采用公制，但在政府决定将米、升和千克作为唯一法定单位之前，大部分普通民众不会自愿放弃已经习惯使用多年的计量单位。从底层开始推行的公制化始终缺乏活力，只能在某些科学技术领域的专业团体中看到进展，这也是各国若不强制采用公制系统便不会取得多大成效的主要原因之一。

每当引入公制系统时，都会遭遇大众的抵制。在世界各个角落，人们被迫放弃使用业已习惯的计量工具和单位，代之以新的公制系统。强制性的公制化引发了多种形式的反抗，其中大多数是既活跃又有创造性的和平对抗方式，他们避开当局，继续使用原有的计量系统，但有时候也会发生激烈的暴力冲突。1840 年，法国政府下定决心第二次尝试强制使用公制系统，为表示反对，克莱蒙斯（Clemency）的一群码头工人砸碎了十进制计量工具，政府因此不得不调动骑兵予以镇压。骚乱的发生是因为民众怀疑改变计量系统会影响工人们的利益，引发有害竞争。

用新的计量系统替代原有的、熟悉的、实用的系统往往会出现问题，而且可能引发激烈的反应。在反对公制化的大规模暴力行动中，1874 年发生在巴西的“粉碎千克暴乱”（Quebra-Quilos revolt）是最著名且历史记载最完整的骚乱。在巴西北部的许多村庄里，暴徒们进入当地市场，砸碎了最新引进的千克砝码。除了破坏公制工具，抗议者还阻止人们缴税，拒绝回答人口普查问题，并销毁了税务局的记录。矛盾和对抗随处可见，而且还出现了一些暴力事件（如数百名武装暴徒殴打市场卖家，导致几人死亡）。研究人员通过这些暴乱，研究暴乱行为中和计量系统相关的各种元素。对于这类计量道德经济学和发生在充满争议的政治事件中的计量因素，我们还应该做进一步的挖掘和探索。

结束语

社会学家认为，测量本质上是一种社会实践，它将许多明显不同的实践和制度联系在一起。同时它也是一种混合了科学、经济、政治、法律和道德的现象。一个成熟的历史计量分析应将这些特性结合在一起进行研究。计量的文化特性必须与广泛的政治、经济联系起来。实验室和“计算中心”内进行的工作会与更广泛的社会机构和群体存在普遍联系，这些机构和团体既会影响计量实践，也同时会被计量实践所影响。

第三章

计算设备与计算机

【马修·L. 琼斯(Matthew L. Jones)】

马修·L. 琼斯是哥伦比亚大学当代文明专业教授。他正在进行历史和人种学的大数据研究，研究大数据与统计学和机器学习的关系等。出版著作《物质计算：计算器、创新，以及对帕斯卡尔—巴贝奇思想的思考》(*Reckoing with Matter: Calculating Machines, Innovation, and Thinking About Thinking from Pascal to Babbage*)。

2008 年，《连线》（*Wired*）杂志刊登了一篇备受瞩目的文章，文中描述了一个以大量数据和应用数学取代了其他所有应用工具、不再充满理论的世界，作者克里斯·安德森（Chris Anderson）等人指出：

> 从语言学到社会学，每个关于人类行为的理论都会出局。忘掉分类学、本体论和心理学吧。谁在乎为什么人们在做手头的事情？重点是他们已经做了，而我们已经能够以前所未有的准确度去追踪和评估这些行为。只要有了足够多的数据，数字就可以说明一切。

一个新型的经验主义时代已经到来。

这类被视为颠覆整个科学界，基于大数据实证论信息技术的出现既不是第一次，也不会是最后一次。新型数字计算机的出现通常都伴随着革命性的基础成果。本章将探讨使得这些革命性变革成为可能但却不具有历史和哲学持续性的技术主张所需要的机器、数学手段及应用架构，探讨的重点是近代早期以来欧洲的计算、存储和基础研究架构。[1] 长期以来，针对计算工具能力极限的反思一直是决定新技术生产质量的关键。无论对当前强大的计算能力多么有信心，任何计算科学中产生的新成果都有赖于对计算、存储和通信技术的局限性做出创造性的回应。科学计算所处的状态始终如同神学中所描述的“末世”，那就是拥有足够速度和存储的希望曙光一直照耀在不远处的地平线上，但与此同时，生活在当前物质状态中的新技术“朝圣者们”还必须与此时、此地现有的物质环境做抗争。

无论看起来多么具有革命性，在将电子数字计算机当作处理器、存储工具和通信手段引入社会生活时，最初都要仰赖现有科学和工业领域中的计算实践，以及数据的收集、处理及分析。[2] 但正如计算能力改变了科学，各类科学的需求也同样改变了计算能力。将现有科学领域的实证信息转化为可计算和能够以电子形式储存的数据，这项技术追求在向科学现状和实践手段发出挑战的同时，也面临着对不同形式的硬件和软件的需求。计算机之所以能解决其他任何手段无法解决的复杂问题，主要是因为它们能够采用强大的简化技术，利用近似算法，进行概率建模，合理地取舍数据。

本章将重点讨论计算科学和信息技术科学的应用，而非计算机科学本身。我们将以计算（算术运算、集成）、数据存储及检索等内容为中心，分别介绍欧洲和美国等地的发展情况。科技网络和互联网的故事不在本章描述范围之内，同时省略的还有人机智能比较及计算技术本身在科学发展中担当的角色。[3] 我们在这里采用的方式是情节描写及历史阐述，而非全面叙事和分析。

除了计算技术本身具有的内在潜力，计算技术发展所面临的种种局限性也同样是近年来计算科学发展的促进因素。我们需要从认知角度更多地关注不同计算系统能够为人类提供的各种可能性。因此，计算观念的形成史必须聚焦于计算的物质组成和社会形态，而计算的物质发展史则必须聚焦于物质条件约束下算法的独创性。

手动计算

第一篇有关电子数字计算机的文献发表在著名期刊《数学用表和其他计算辅助工具》（*Mathematical Tables and other Aids to Computation*）上。这份期刊 1943 年创刊，在最初的几期内容中详细回顾和总结了三角函数、对数等基本数学用表。自 19 世纪末起，机械计算设备的普及并没有减弱这些数学用表的应用，反而使其显得愈加重要。伴随着计算设备的使用，越来越多的人需要使用七位数值的三角函数表。有趣的是这些数学用表的原始计算都出奇地古老。20 世纪早期倡导使用机械计算机开展科学计算的主要人物——天文学家莱斯利·科姆里（Leslie Comrie）认为，在仔细核查数学用表中的错误时可以看出，后来数学用表中采用的数据大多是从 16 到 17 世纪的数学用表中抄来的，而且大多都没有注明出处。[4]

数学天文学在近代早期欧洲的兴起带动了针对繁重计算的新方法的发展，尤其是对乘法的简化。这个领域的代表人物有哥白尼、第谷·布拉赫和开普勒。尽管第一批广泛使用的技术运用了三角恒等式，但在 17 世纪初，英国数学家约翰·内皮尔（John Napier）就已经发明了对数。应用对数可以将一定条件下的乘除法简化为加减法。内皮尔的合作者、英国数学家亨利·布里格斯（Henry Briggs）更进一步提出了以 10 为底的常用对数，对数计算随之很快便成了 20 世纪天文计算及科学计算的主要工具。莱斯利·科姆里解释道："布里格斯将普通数及三角函数的对数制成了数学用表之后，内皮尔的发明便可供所有计算机使用。"对数计算是如此基础和重要，以至到了 20 世纪上半叶，函数表提供的往往是这些函数的对数值，而不是函数值本身。

机械计算机之所以能在科学中得到广泛应用，并不在于人们期待它能够取代数学用表，而在于计算机能够大大减轻纯粹依据数学用表做计算时需要完成的大量工作。这两种工具相得益彰。第一台知名的机械数字计算机是由与开普勒有通信往来的德国数学家威廉·契克卡德（Wilhelm Schickard）发明的。这台机器纯粹是为了改良内皮尔的对数运算而设计的。在 17 世纪中叶，法国数学家布莱斯·帕斯卡尔（Blaise Pascal）和德国数学家威廉·冯·莱布尼茨（Wilhelm von Leibniz）开始构想能够辅助金融计算和天文计算的机器。尽管莱布尼茨为此付出了几十年的努力，但始终未能完成他设想的、可直接运算加减乘除的机器。在整个 18 世纪的 100 年间，机械计算机经历了漫长的发明及再发明过程，但依然无法满足金融或科学领域的日常所需。一位博学的评论家在 1832 年评论道："就目前的数字科学状态而言，较之任何机械计算装置，用传统的计算方法做算术运算可能更准确，也更有效。"手动性越强的设备可靠性越强，便也显得更加重要。他强调：

> 我们必须特别指出，天平、罗盘、计算尺和对数表等都是极有价值的计算工具……这些工具的主要优点是简单、体积小，使用起来非常便利。

相比之下，更加复杂的运算机器不具备这些特性，因此它们完全无法满足日常所需。直到 19 世纪 70 年代，机械计算机才在西欧和美国得到广泛应用，主要用户是精算师和会计师，而且各界对它们的可靠性仍然不无质疑。即使到了 20 世纪 70 年代，简单计算工具仍然发挥着重要作用，尤其是使用了对数的计算尺。

在 19 世纪初期，为了自动生成数学用表，英国数学家查尔斯·巴比奇（Charles Babbage）提出了差分机的构想：该设备可自动生成对科学和商业计算具有重要意义的数学用表。巴比奇试图从两个方面改进计算表格的制作：数值的计算和几乎同等重要的数值排版。虽然巴比奇并没有实现他的构想，完成任何一台机器，但瑞典的朔伊茨（Scheutz）父子却生产出一台具有一定用途的机械装置。为了确保计算顺序正确，需要保证打印过程顺畅。但即使到 20 世纪中期，打印问题依然令所有从事科学计算工作的人员深受困扰。

机械计算装置的发明并不仅仅局限于算术运算。制表设备的最初开发是为了辅助人口普查，但它很快便成为数据量巨大的人寿保险市场的重要设备。人寿保险公司的需求促使出售制表机的公司不断开发和改进这些机器，使其拥有打印、自动控制、分类及处理非数字数据和文字数据的功能。到了 20 世纪 20 年代时，大规模数据处理不仅成为现实，而且可靠度达到了相当高的水平。在这个时期，这些设备已经被大量应用于科学计算。机械计算设备的两个倡导者科姆里及其美国同行华莱士·埃克特（Wallace Eckert）则开始进一步宣扬将进行算术运算的设备（如计算机和寄存器机）与可记录和读取大量数据的设备（如制表机）结合起来的优势。

所谓手动计算并不局限于算术运算，它涵盖了一系列可辅助计算的技术和工具，如滑尺、机械计算器以及重要数学函数的数学用表。手动计算还常常意味着从事运算的人力，在很多情况下也包括女性团体。第二次世界大战后，电子数字机器问世，在权衡了人工计算和穿孔打卡制表机之间的成本和收益之后，美国和英国的科学家们仍然倾向于二者选其一，而不那么热衷于使用价格昂贵、操作复杂的电子计算机。

模拟计算

1946年，莱斯利·科姆里评论道：有时候，我觉得物理学家和工程师们总是过于轻易地问自己："我可以找到什么样的物理模拟方式，或者机械模拟方式，或者电力模拟方式解决待解的方程？"而且总是在还没有了解清楚市场上买到的机器是否可以用来解决问题之前，便急于跑到绘图板和车床旁试图自己解决问题。

科姆里是在抨击制造高度专业化模拟设备的传统，这类设备被用来做物理模拟，可以解决采用其他办法不容易解决的问题。这些设备中最著名的有美国发明家万尼瓦尔·布什（Vannevar

Bush）的微分分析仪，可以用来做积分，是解微分方程的得力工具。机械积分器并不能为待解方程提供精确的解析解，而是采用高度简化的方程为复杂问题给出近似解。1946 年，相较于近似数值解，模拟计算在许多方面仍更具有优势。科姆里在称赞布什的微分分析仪时指出：

> 虽然在现有机器上采用有限差分法可以对微分方程求解，但目前所需的低精度解的数量如此之大，以至于采用有限差分法实际求解所需的时间和成本都令人望而却步。而利用机器处理无穷小量的求解方法已经被证明是卓有成效的……

虽然数字电子计算机很快便令模拟计算机黯然失色，但在很多情况下，数字电子计算机也并不是直接解决数值问题，它们同样采用了模拟模型，是一种新型的类比推演。

电子计算、数值分析与模拟

在第二次世界大战期间及冷战初期，战争为美国、英国及苏联的电子数字计算发展提供了动力和资金。[5] 1946 年，数学家约翰·冯·诺依曼（John von Neumann）与他的合作者赫尔曼·戈德斯坦（Herman Goldstine）宣布：纯数学和应用数学的许多分支都亟须利用计算工具来打破目前纯解析法无法解决非线性问题的困境。使用电子计算机就意味着要了解电子计算机能够提供的帮助和局限性。在一个依靠人工从事计算的机构中，冗长复杂的计算表储存的计算量，比所有新电子计算机的存储量都大。诺依曼和戈德斯坦总结道：

> 在一个自动计算系统中，算术运算成本较低，但数据存储及中间结果等成本较高。这样一个结构本身所具有的“内在经济规律”和我们现在所习惯的、自高斯（Gauss）时代以来一直遵循的“经济规律”十分不同……我们必须为这类计算经济的“实用性”和“优雅性”制定新的标准。

二战刚刚结束便出现了电子数字计算机，这为高速计算提供了可能性，但它需要用户修改旧的数值分析方法。在研究原子弹的过程中，为更高效地进行数字计算，冯·诺依曼改变了求解流体力学中偏微分方程的数值计算法。为了适应前面所说的“内在经济规律”，诺依曼参与修改了当时已有的数值分析方法，推动了新的数值分析的发展，新的分析方法能够更好地适应电子数字机器的局限和优势，尤其是可以很好地处理末位有效值舍入带来的误差。

在计算机数值分析科学不断发展的过程中，其局限性也越来越明显，尤其是在热核武器设计领域。在二战前，物理学家恩里科·费米（Enrico Fermi）曾尝试为原子现象建立一个数学模拟模型。斯坦尼斯拉夫·乌拉姆（Stansilaw Ulam）则和冯·诺依曼及尼古拉斯·梅特罗波利斯（Nicolas Metropolis）合作，设计了一个称为“蒙特卡洛”（Monte Carlo）的统计模拟方法，用以模拟微观粒子与其他物质的相互作用过程，解决核武器设计中一些极具挑战性的问题。这种方法不是通过数值分析对作用过程的微分方程求解，而是通过大量随机采样的方式模拟相互作用过程。乌拉姆先从纸牌游戏入手，值得注意的是，这种模拟方法也适用于没有任何随机内容的问题，例如积分的解或圆周率 π 的值。这样一来，就可以把一些理论上难以解决的问题变成可以通过准实验模拟方式解决的问题。正如乌拉姆和梅特罗波利斯所指出的，“蒙特卡洛”模拟方法的强大之处在于它可避开计算上难以解决的问题：[6]

> 这个过程的基本特征是：我们不需要处理概率矩阵的多重积分或乘法，而只需要对一系列单个事件进行采样。在获取了所有这些可能事件的集合样本之后，就可以在此基础上在给定时间内对谱系的性质和分布进行统计研究。
>
> （Von Neumann and Goldstine 1961，6）

“蒙特卡洛”模拟方法的出现预示了在战后几年内，计算模拟将迅速成为一种重要的科学研究手段。计算机模拟是一种新型科学方法，它尴尬地处在实验与理论之间，并需要重新配置很多科学知识。不过，这些知识配置在很多时候遭到了强烈抵制，后来，它们才逐渐被接受，现在已经成为科学实践的重要手段。统计模拟最初被用于回避微分方程的不可解性，现在却拥有多种形式。一些人构建的模拟过程建立在一定的理论模型之上；另一些模拟过程则不依据任何理论结构，仅仅着眼于行为再现。从哲学角度看，虽然这类转换方法缺乏完备性，但并不妨碍它们得到广泛应用。事实上，缺乏完备性反而为人们提供了创建研究复杂体系新方法的机会。

弹道学和粒子物理之外的领域

如果一门学科的本质是定性研究，并且在处理问题时使用的是描述性术语，而非分析性术语，那么一台只处理数字的计算机，如何才能对这门学科产生重要意义？虽然这里只是针对生物学而言，但其实许多知识领域都存在这样的问题。二战后，早期的电子计算机在原子物理学和弹道学等一直以定量研究为主的领域取得了成功，但这并不能证明计算机也会对其他科学做出重要贡献。然而，许多领域的先驱们都相继尝试过将本领域的证明和推理形式转化为更适用于计算的新形式。有一种观点认为，计算机具有出类拔萃的计算能力和存储容量，因此，生物学家们可以大量应用计算机类的工具。然而，哈勒姆·史蒂文斯（Hallam Stevens）在其新近的生物计算史研究中表达了不同观点。他认为，是生物学发生了改变，成了一门计算机化和可计算机化的学科。其他许多学科也需要寻找方法，尝试将问题转变为可计算的形式，其中很多方法产生于战时进行的研究工作中，例如，流体力学、统计学、信号处理及运筹学等学科的发展均为用计算机处理问题提供了各自独特的方法。许多大致相似的计算技术拥有不同的名称，便能说明这些方法是多么的种类繁多。[7]

近年来，在与建立模型和模拟有关的所有哲学和历史研究工作中，我们并没有为了便于计算而对相关领域中各种形式的简化、缩减和转换进行认真分类。[8] 将计算机应用于科学时产生的大量独创性，很大程度上正是来自对所面临的问题进行创造性的转化，以及针对这类转化的科学讨论。正如所料，任何缩减和简化计算模型的努力在起初都会遭到激烈的反对，但最终都成为各个科学领域的标准操作，因而这种做法也就不再具有偶然性。这些简化过程涉及数据及模型的简化，也包括科学知识的转化。我们有一整套高度分化的工具和科学实践的不同组合，它们错综复杂，仍然有待于采纳合理的分类方法将其分类。

例如，在关于气候科学的权威研究中，保罗·爱德华兹（Paul Edwards）描述了科学计算中新出现的一种理想“再生”模式，可以利用各种必要的理论、数据和“半经验”参数的组合去契合实际发生的气候现象。他认为，在这种科学形式中，我们所熟悉的发现及论证逻辑只会有零星的作用。没有任何一个单一又稳定的逻辑能够证明再生科学中所涉及的众多近似值是合理的。实践经验和理论之间的界线因而变得非常模糊。

第二个例子是经济学家赫伯特·西蒙（Herbert Simon）在决策问题上比较了运筹学方法与当时的人工智能思维方式。他指出，运筹学算法在决策问题上展现了强有力的数学结构。这些算法的强大功能是以重整和压缩现实世界中的问题，使其适于计算为代价的。例如，采用线性近似替代现实世界的标准函数和约束，使之适用于线性规划。

相比之下，他解释道：应用人工智能通常可以找到令人满意的解决方案，但不是最佳方案…… 我们必须在人工智能和运筹学之间做出选择。

这些争论一直延续到了数据库分析和大数据时代。2001 年，统计学家利奥·布雷曼（Leo Breiman）描述了两种主要统计文化之间的差异：

> 统计学起源于数据。假设数据产自一个黑盒子，输入变量 x（自变量）从盒子的一边输入，响应变量 y 从盒子的另一边输出。在黑盒子里，自然函数将预测变量和响应变量联系起来……在数据分析中要达到以下两个截然不同的目标。
>
> 预测：在已知输入变量后，能预测输出的响应变量。
>
> 信息：提取关于响应变量是如何自然地与输入变量产生关联的信息。
>
> （Breiman 2001，199）

布雷曼反对主流的统计观点，支持所谓的“算法建模文化”，这种文化可以实现预测目标，无须描述实际的过程。这类在知识认知上产生的变通方式是近些年来研究机器学习的主要手段，然而许多科学家和统计学家们发现它太过工具主义。

大数据时代前夕的困扰

20 世纪 40 年代末，苏联的密码学突然变得异常先进，其密码大多不易被美国及其盟国破解。在冷战初期，西方的通信情报机构，尤其是新成立的美国国家安全局（NSA）发现，较之快速执行运算的能力，他们更迫切地需要处理大量数据的能力。当时，在美国国家实验室的主持下，计算机开发主要致力于提高利用浮点运算进行仿真所需的处理速度。相比之下，美国国家安全局希望能够快速整理巨大的信息流量，安全局变得更像个数据处理中心，而不是密码分析中心。因此，美国国家安全局尝试为那个时代最好的数据处理器——制表设备寻找替代品。在专注于大量数据的处理和非数值逻辑过程的极大灵活性及多样性时，美国国家安全局更需要大多数商业机构运行的那类仿真，而不是物理学家所做的模拟。正如大量的联邦基金加速了运行速度更快的计算工具的开发一样，投资到密码学中的大量联邦资金资助了许多更大存储机制的研究。20 世纪 50 年代中期，这两笔资金一并投到 IBM 公司，以期在两个项目上都获得巨大进展。美国原子能委员会（AEC）比较关注计算机的高速乘法应用，而国家安全局的重点则是大量数据的处理等。

科学领域的研究也紧随其后。1950 年，美国海军研究局（Naval Research Office）的米娜·里斯（Mina Rees）指出了早期机器的主要侧重点：这些机器会接收少量的信息，并对这些信息进行快速运算，最后得出的结果也是少量信息。她写道：现在的兴趣似乎聚焦于进一步探索机器接受大量数据、进行简单运算、最后打印、输出大量相应结果的可能性。很快，高能物理生成的实验数据也对存储和处理能力提出了类似的要求。在科学领域中，需要被分析和存储的数据永远会超越机器的处理能力、存储记忆容量和存储容量。2009 年,《科学》杂志的一篇文章指出，在过去 40 年或更久的时间里，摩尔定律使硅片上的晶体管变得更小，处理器变得更快。与此同时，存储磁盘技术虽有改进，却无法跟上运行更快的电脑生成的科学数据的增长速度。

这些客观限制向科学家和应用数学家们提出了挑战，要求他们开发出具备合理性的删减和简化数据的方法。在最初尝试采用“傅里叶分析”用于 X 射线晶体学的过程中，约翰·本内特

（John Bennett）和约翰·肯德鲁（John Kendraw）解释道：电子延时储存自动计算器等机器无法容纳一个典型的二维合成或更多维度合成的所有项，尤其是三维合成……为了能更缜密地反映数据，同时也不会丢失太多重要信息，设计者们开发了许多技术。其中一项技术是“数据校正法”。在许多情况下，从这种校正过的数据中获取的合成与未校正数据的合成并没有显著区别。虽然这种典型的数据修正可能存在丢失信息的风险，但对许多数据密集型的科学工作来说，这种方法仍不可或缺，且会随着拍字节数量级的“大数据”应用变得更加重要。一些从统计学中提取的算法最初是为较小的数据集开发的，因此它们常常需要做大幅度的改进和转化。例如，1996 年的一篇论文解释到，来源于人工智能和统计学的方法没有充分考虑数据集可能过于庞大，因而无法适应主存储器的情况。特别是它们没有认识到在面对具体问题的时候，要考虑在保持输入/输出成本较低的同时，如何利用有限资源（例如通常比数据集规模小得多的存储器）尽可能准确地处理大量数据。

因此，大量的数据往往是从技术上决定计算过程和方法的。观察结果的数量及维度都要求人们开发可简化和筛选数据的变革性技术。

数据架构

计算机数据储存并不是一个显而易见，或者说可以顺理成章、自然完成的一个过程。[9] 从大千世界获取数据是一项艰巨的工作，而将数据标准化往往更加困难。当代数据科学家们经常打趣说：大约 95% 的分析时间都涉及数据处理。这种说法在科学研究中也得到了证实。在研究 20 世纪的气候科学时，保罗·爱德华兹讨论了“制作全球数据”（从世界各地收集天气数据）和“使数据全球化”（利用前后矛盾的残缺数据源构建完整、连贯、一致的全球数据集）的独特工作过程。

对单一的科学研究团体来说，将研究数据标准化已经具有一定难度，但如果要跨越机构、学科和国界，这项工作将更具挑战性。在研究典型的生物数据库时，萨拜因·莱奥内利（Sabine Leonelli）和雷切尔·安克尼（Rachel Ankeny）描述了规范化数据监管人的主要工作。这些监管人负责：第一，选择对数据进行分类的术语；第二，筛选和提供能生成数据的实验环境信息，包括样本和协议等信息。为了具有实用性，数据集必须包含元数据，即数据生成的相关信息，这是做进一步数据分析评估的基本信息。

每个数据库都取决于一整套决策及妥协方案，包括如何表示数据收集类型，如何将数据存储到计算机系统中等。[10] 这些选择会限制和产生特定形式的知识。基因组的编目便见证了“基因库从起初各不相干的文件集合形式，发展到彼此具有关联性，再到联合数据型”的过程。哈勒姆·史蒂文斯则将这个过程看作是生物学家们从以基因为中心转变为以排列为中心，再到生物作用多元素观点的转变。莱奥内利和安克尼也提出过类似的看法：

> 基于基因本体等分类体系，有机生物界在数据库使用术语上逐渐达成了很多共识，从而强化了跨学科交流，同时也

对如何理解和表示生物实体及生物过程加强了认知上的共识。

（Leonelli and Ankeny 2012，32）

这并不是说数据库只能适应一种理论，不同的数据库可适用于特定类型的科学研究，其他数据库若要应用于这种研究，则会更具挑战性。采用不同的数据存储方法会产生不同的使用成本。与数据模型一样，数据库也有性能高低之分。

倡导将计算引入各个科学领域的研究人员往往利用技术决定论去证明新认知实践的必要性，以及甄别不同技能的实践者。例如，为了证明将计算统计法引入分类学的合理性，生物学家乔治·盖洛·辛普森（George Gaylor Simpson）解释道：在收集具有大量变量的众多个体观察结果时，计算统计法便显得十分必要。

拥有专业知识的社会组织

1962 年，辛普森在动物学中构想了新的计算分类形式：

时至今日，我们的许多问题，无论是分类方面还是其他方面的，完全依靠自然观察和在台式计算器上敲出基本的统计数据已无法得到解决。未来的动物学家们，包括分类学者，将要经常与数学统计学家、程序设计员和大型计算机一起工作。也许有的人会喜欢这种场景，但有的人可能会觉得这很可怕。

（Simpson 1962，504–5）

计算实践依赖于拥有专业知识的社会组织。关于所使用的计算工具是否合适的争论往往取决于技术在当地的分布情况和实践者所拥有的专业知识。辛普森在倡导统计计算必要性的同时，也明确表示支持生物学家们反对极端主义者。极端主义者认为，利用计算机对样本的数值数据进行比较，可自动显示出相应种群最自然的分类。而辛普森则解释到，虽然计算机操作非常实用，且必不可少，但它并不能自动生成生物学中重要的分类结果。

20 世纪下半叶，在许多应用计算机科学领域都存在类似的争论。科学家彼得·格里森（Peter Galison）就曾记录了在战后的微观物理学中，科学界对于是否有必要人为解释高能事件而发生的争执。物理学家路易斯·阿尔瓦雷斯（Luis Alvarez）曾着重指出，人类具有独特的认知能力，拥有敏锐观察世界的先天感觉。他认为，人类应该积极利用这些感觉，因为它们比任何用来构建电脑的东西更有效。基于这种认知，人类便需要建立一个由拥有这类感觉的研究人员构成的工业化组织。

编写程序或让计算机掌握判断和推理能力，是推动人工智能领域发展的主要举措。但到 20 世纪 70 年代初，许多科学从业者十分担心将人类专业知识转化为“知识库”和将推理标准规范化所产生的后果。就像哈里·柯林斯（Harry Collins）曾积极振兴科学社会学中的“隐性知识”一样，人工智能研究人员开始担心知识获取的瓶颈。研究员约翰·罗斯·昆兰（John Ross Quinlan）指出，部分瓶颈可能来源于专家被要求执行他们不常做的任务，新形式的模式识别和机器学习不是试图去模拟一项判断的认知过程，而是尝试根据专家在某些分类任务中的行为来预测专家的判断。

> 机器学习技术充分利用了数据优势，直接从数据中提取分类规则，从而避免了知识获取的瓶颈。机器学习算法不是向专家咨询学科知识，而是观察专业任务，并生成模拟专家决策过程的规则。
>
> （Irani，Cheng，Fayyad and Qian 1993，41）

正是这样一个关于工具学习算法可能性的梦想启发了笔者在这一章开头提到的那篇备受瞩目的《连线》文章。

尝试让机器学习在各方面实现自动化的同时，为充分利用人类的潜能，另一项尝试优化计算机输出的研究也在进行中。1987年，由美国国家科学基金会赞助的一份报告曾指出，相比于其他任何模式，眼睛/视觉皮质系统的千兆比特带宽可以更快地感知几何及空间关系，因此更易实现超级计算机的功效。我们的研究目标是将技术创新和人类大脑结合起来，而不是回避它的使用。

> 可视化工具具有广泛可用性且最令人兴奋的地方是：在计算时，通过追踪视觉异常，可以洞悉情况，了解错误所在，可视化将会把科学家们也纳入计算循环中，并改变科学的研究方式。

科学的可视化把人类和机器的贡献和局限性结合在了一起，是认知具体化的一项成就。[11]

2006 年,《科学》杂志中的一篇文章在有关科学史的一段经典叙述中肯定了以数据为中心的新科学的诞生：

> 至少从 17 世纪的牛顿运动定律开始，科学家们便把实验科学和理论科学作为理解自然的基本研究范式。近几十年来，计算机模拟已经成为必不可少的第三种范式，是科学家们探索理论和实验无法企及的领域的标准工具，这些领域包括宇宙的演化、汽车碰撞试验以及气候变化的预测。

这篇文章的作者宣称，“现在的信息系统已经超越了模拟，随着模拟计算和实验产生越来越多的数据，第四种范式正在出现，包括从事数据密集型科学所需的技术……”

然而，这个关于即将到来的时代的预言尚缺乏说服力，它关注的是基础结构和物质性。现有的存储、处理和通信资源已无法满足目前已有的大量数据的需求。

几乎在每个实验室里，存储在硬盘、数字笔记本、网站、博客和维基中的“原生数字”数据都在激增，其形式包含文件、电子表格或数据库。对做研究的科学家们来说，这些数字数据的管理、完善和归档工作变得越来越繁重。

由于数据库、数据模式及其分类形式都比较深奥繁杂，科学界对这些主题普遍缺乏了解，因而导致数据密集型科学的发展相对缓慢。换句话说，过于理想化的计算科学理念减缓了以数据为驱动力的计算科学的发展：

> 在未来，任何学科的发展速度可能都取决于学科从业人员在数据库、工作流程管理、可视化及云计算技术等方面掌握专业知识的程度。
>
> （Bell，Hey，and Szalay 2009，1297-8）

长期以来，相关用户一直面临着计算及信息存储设备功效不足的挑战，因为他们不仅要接纳和掌握这些设备所提供的功能，还要应对和解决它们的局限性。而诸如处理能力、存储大小和速度、带宽等局限性的改良向用户提出了极高的要求，用户们也的确为之付出了巨大的努力。

第四章

标本与收藏

【玛丽·桑德兰(Mary Sunderland)】

玛丽·桑德兰是加州大学伯克利分校的科学史学家，主要研究 20 世纪生命科学。

保护标本收藏

科研机构为何要支出高昂的研究经费、占用宝贵的空间来存放大量标本？自然博物馆早已为回答这个问题做好了准备，也乐于向不明情况的大众证明这种行为的合理性。借助收藏开展研究的科学家不仅在意公众的理解，也会感叹同僚们对其研究表现出来的无知和不以为然。最近一篇备受瞩目、发表在《科学》杂志上的文章证实了这种担忧。这篇由本·明特尔（Ben Minteer）、罗伯特·普申多夫（Robert Puschendorf）等人撰写的文章总结道：无论是描述一个物种，还是记录该物种被再次发现，都不再需要采集标本。这篇文章的作者之一、爬虫学家普申多夫明确表示，他参与撰写这篇文章的动机是出于愤怒，因为他的同事在研究一个据推测已灭亡的物种时，发现了该物种的唯一活体，于是决定杀死它，并将它制成标本。毫无疑问，这篇文章一经发表，来自四面八方的愤怒回应随即而来。

一些博客文章指出这篇文章存在诸多问题，如缺乏根据、研究不足、错误明显，等等。针对明特尔等人提出的照片、组织样本及记录资料可取代实际标本收藏的观点，来自麦吉尔大学莱曼昆虫博物馆的特里·惠勒（Terry Wheeler）明确表达了异议，并提出了一个显而易见的事实：果蝇不是哺乳动物……我们无法用照片辨别这些微小物种，无法记录它们的声音，如果不杀掉它们也无法提取其DNA，因为它们太小了。阿拉斯加大学的鸟类学家解释了采集标本为何仍然是生物科学研究的“黄金标准”模式，虽然新技术可能使它显得过时且多余。明特尔等人强调了凭证标本在新物种鉴定中的作用，因此掩盖了收藏真正具有的长远价值，也即收藏的价值仅在于样本所能提供的比较意义。标本的采集往往是为了验证一个特定假设，从这点上看，每个标本都具有科学价值，而不仅限于提高准确识别的能力。从外界对明特尔等人的理论做出的有理有据的反驳可以明显看出，许多作者之前就已经整理过支持标本收藏的证据。事实上，几个世纪以来，标本收藏家们一直在捍卫他们所做工作的科学意义。

本章阐述了标本和收藏在整个历史进程中所产生的科学效用，并借此引导人们关注它们对生命科学产生的影响。观察不同背景和不同时代的特定标本馆藏，可以发现技术和理论的进步会赋予标本收藏以新的科学和社会价值，从而为标本收藏赋予新的科学意义。许多关于自然博物馆和标本收藏的学术研究都在强调它们的文化内涵和展示它们洞察社会的能力，然而很少有研究考察过标本采集和收藏本身。本章不探讨有关标本收藏广为人知的一面，而是聚焦于两个实例研究，以强调标本收藏作为科学工具，在不同背景、不同时期里，其生产和功能的发展变化。

首先从卡尔·林奈（Carl Linnaeus）开始，我们将探讨这位瑞典著名博物学家为标本收藏所做的开创性工作。虽然他对分类命名法的理论贡献使他颇负盛名，但其实他也做出了重要的技术革新，建立了 19 世纪标本收藏工作的基础。在接下来的一节里，我们将考察 20 世纪加利福尼亚大学伯克利分校的脊椎动物学博物馆。虽然在博物馆世界里，脊椎动物学博物馆的确有点与众不同，因为严格来讲，它过去是而且现在仍然是一个研究型博物馆。但当许多大学博物馆放弃标本收藏，公共博物馆不再重视博物学时，具有研究特质的脊椎动物学博物馆却能够特立独行，再度肯定了标本收藏的价值及其具有的科学功能。

标本收藏科学化

虽然依赖于标本收藏的研究人员始终处于守护自己科学地位的状态，时刻准备反击指责他们工作过时且多余的人，但在 2009 年时，他们却集体性地放松心情，投入查尔斯·达尔文（Charles Darwin）《物种起源》问世 150 周年的庆典中。作为最受尊敬、最著名的科学收藏家之一，达尔文做出的贡献对标本收藏而言可谓增色不少。科学史学家玛丽·温莎（Mary Winsor）意识到这个光环注定会随时间逐渐消退，于是便抓住这个机会思考，为什么在分类学领域之外，会有那么多人贬低收藏和分类工作的价值？温莎认为，这个问题的根源在于普遍存在的有关分类学和标本收藏历史的错误结论。例如，今天的许多生物学学生仍在接收这样的信息：在 20 世纪中叶现代综合论（modern synthesis）出现之前，系统学几乎没有什么科学价值。现代综合论的一位主要创立者恩斯特·迈尔（Ernst Mayr）也一直在拥护和推广这一观点。在他们看来，博物学是老旧的、描述性的和以本质主义为基础的，而分子生物学则是现代的、经验性和实验性的。这个观点使人们忽视了分类学做出的重要贡献。那时候的分类学让达尔文获益良多，尤其是分类学提供的方法和技术使他研究物种之间的关系成为可能。

达尔文所依赖的这些分类实践是林奈的伟大遗产。虽然林奈是古老博物学的象征人物，而新的现代综合论正试图取代这门学科。不过最近的历史研究给出的证据表明，取缔标本收藏的观点不仅刻薄，而且没有依据。这一节将着眼于林奈如何收集整理他的植物标本，进而聚焦于他在赋予标本收藏科学价值，将收藏有效地转变为能够鉴别分类关系的科学工具上付出的努力。

虽然林奈是以发明了作为现代分类学基础的双名法而出名，但这项成就并不是他最重要的贡献。乍看起来，他的方法似乎很普通，但仔细观察林奈的日常工作，便会从他的探索中发现其具有的变革性。林奈认识到他的所有植物收藏绝不是静止和孤立的，因此他是第一批将自己的收藏分类放置起来的植物学家之一。他把制作好的标本分开存放在一个定制的储藏柜中。就是这项简单的创新，将他的标本收藏从建立简单的标本贮藏间变成了可揭示自然世界真实秩序的科学工具。

林奈也许会为自己的成就被认为具有科学相关性而倍感欣慰。事实上，他和启蒙运动中的同时代人通过强调自己所采用方法的科学相关性，将他们的标本收藏和采集工作与早期的珍奇柜进行区分。正是通过将自己的成果与早期现代主义者的贡献分割开，启蒙运动中的博物学家们重新编撰了自己的历史，新的历史不再包括意大利文艺复兴时期出现的收藏实践。不过，忽视这项早期成果具有一定的误导性，因为在将博物学从以知识精英“纸上谈兵”为主的研究方式转变为以感官触知为基础的实证研究过程中，这些早期工作发挥了关键作用。这一转变重新调整了博物学研究的群体及受众，扩大了创建收藏并做出科学贡献的参与者的范围。在16世纪，博物学家认为博物馆的建立是新旧博物学史的分水岭，但到了18世纪，博物学家则认为，将他们的采集方法与采集物的整理策略相结合会更加科学，可揭示自然界的发展秩序。这时候，古老的珍奇柜被当成能够满足收藏乐趣的娱乐工具。然而这些早期收藏能够提供的绝不仅仅是乐趣，它们还可以改变收藏者的身份和地位，尤其是那些生活在不断扩张的大英帝国时代的收藏者们。例如，生活在印度的法国公民曾把自己看作英国绅士，部分原因是他们参与了收藏活动。此外，正如欧洲贵族通过建立珍奇柜来增强自己的社会地位一样，印度统治者也收集稀有物品，以此彰显自己与国际接轨，彰显他们与遥远的异国精英间的联系。

在此之前，收藏总是与娱乐和权力相联系。而引入新方法后，启蒙运动中的收藏家将他们的工作与这种联系明显拉开了距离。林奈的植物学教科书为了解创建科学收藏的新实践打开了一扇窗户。值得注意的是，林奈并不主张将标本页装订成册。在当时，组建标本收藏集的常见做法是将几个标本粘在一张纸上，然后将它们装订成册，建立静态的大部头标本集。林奈建议学生们在一张纸上只放置一个标本，并介绍如何建造带有移动架的特殊储藏柜，方便使用者轻松抽取其中的任意一页标本。使用之后，这页标本可以被重新安置在储藏柜的任何一个新地方。这点很重要，这样一来，收藏集便被合理安排成为一个动态集合，不再是静止和一成不变的。基于这种理念设计的储藏柜成为帮助林奈开展工作的得力工具。

在林奈之前，要辨别植物标本，需先将一个物种归入所属的类别，然后确定标本的某个特征，借此将它与同属的其他植物进行区分。林奈担心这种方法会导致错误的物种定义，因为借助同一特征无法区分同属的不同植物。为了解决这个问题，林奈开发了一种新方法，强调在新植物进入收藏集时，对照新植物审查已存档标本具有重要意义，这是一个校对过程。植物学家找到一个潜在新标本后，对该植物的形态进行详细描述；接下来，在进一步得到具有代表性特征的同类标本后，每个新标本都会被拿来与最初的物种标本及其描述进行对比。如果这些新标本中的某个标本具有不同特征，则说明这项特征不具备代表性，应该从原来的描述中删除。这样一来，剩下的特征则被假设是真实和自然的。在林奈的植物标本集中，每个标本的定义都建立在它与标本集中其他标本的关系上。因此，整个标本集是以整体形式，而不是个体标本的形式，来确定植物种和属的。从这个角度，我们可以看到林奈的方法和管理技术如何为收藏、描述和校对引入了新的标准，这些标准构成了 18、19 世纪博物学的基础。

科学的博物学采集和收藏在 18、19 世纪得以蓬勃发展，应该部分归功于林奈的方法，以及达尔文著名的“比格尔号”成功之旅，那时候每个考察探险队通常都会配备一位博物学家，负责采集并记录新标本。为了存放和进一步研究不断增长的标本收藏，新建立的研究机构遍布欧洲和美国。尽管这些机构的基础设施各不相同，但它们的宗旨都是通过系统对比样本来生成科学知识。从让法国博物学家乔治·居维叶（George Cuvier）和让－巴蒂斯特·拉马克（Jean-Baptiste Lamarck）崭露头角的法国国家自然博物馆（重建于 1793 年），到罗伯特·欧文（Robert Owen）曾梦想在此汇聚全世界所有物种的大英博物馆，这些收藏负责人在研究物理标本的价值上有着共同的科学抱负。

林奈的标本实践方式后来传播到了海外。未经科学培训的海外收藏家们利用这些方法，将他们在工作地获取的标本变成了“客观和有用的”科学样品。在 19 世纪中叶，中国向西方开放通商口岸时，博物学的采集成了英国政府雇员提供中国“真实”信息的方法之一。事实上，有机会采集西方人不熟悉的海外动植物，让许多政府雇员感到兴奋。虽然这些采集者几乎都没有任何科学背景，但采集被视为一种体面的爱好，对许多热爱大自然的年轻外交官们来说尤其具有吸引力。为了让这些标本得到英国皇家植物园等科学机构的认可，采集者需要依据林奈的标准，为标本附带相关的特征和生长环境等信息。新标本的发现也依赖于正确使用林奈分类法，例如，采集者需要收集每个标本的地理位置信息。

20 世纪的收藏现代化

对美国博物学家来说，镀金时代是个黄金时代，因为他们的工作得到了前所未有的资助和支持。但到了 20 世纪初，博物学家们却发现他们不得不尽力捍卫标本收藏的科学价值。约瑟夫·格林内尔（Joseph Grinnell）是脊椎动物学博物馆的创办人，他在1910年出版的著作中陈述了自然博物馆的功能。除了在鸟类学界和哺乳动物学界备受尊崇，格林内尔最著名的角色还是脊椎动物学博物馆的创办人。C&H糖业（C&H sugar fortune）的继承人安妮·亚历山大（Annie Alexander）的赞助帮助他获得了董事职位，安妮之所以选择格林内尔，是因为他对这个机构的科学发展富有远见卓识。格林内尔将脊椎动物学博物馆设想成一个生物进化研究中心，用来存放有助于长期研究进化的收藏。后来，脊椎动物学博物馆的馆藏成为给进化生物学研究提供信息的数据库和研究工具。

格林内尔强调，每个标本的科学价值完全依赖于它附带的信息。脊椎动物学博物馆内的基本架构可追踪每个标本的详细地理位置以及行为和生态信息，格林内尔很重视标本的原生地理位置。他的兴趣包括生物地理学、物种及其亚种的形成。他的目标是了解物种形成与地理及生态边界（如山脉和湖泊）的关系。这些信息对格林内尔发展物种形成理论至关重要。他除了在著作中阐述这个理论，在他的野外笔记、信件和演讲笔记中也有很多相关记录。根据格林内尔的说法，栖息地有两个重要的变化，其一是在人类的开发过程中发生了变化（这在加利福尼亚州尤为明显），再就是它们在空间和时间维度上发生了变化。在看到城市的迅速进化和农业的迅速发展极大地改变了加利福尼亚州环境的同时，格林内尔也看到了前所未有的标本收藏的机会，这些收藏有助于长期从事进化机制的研究。格林内尔着手记录物种被迫迁入新环境时所发生的一切。加利福尼亚州也因极其多样的风景而颇具吸引力，这里分布着山谷、山脉、河流、海洋、沙漠和平原。格林内尔十分热衷记录在这些不同地区的内部及边缘地带，物种间和物种内存在着的多样性。因此，一个老鼠标本是采自沙漠的黑色熔岩上，还是其邻近的白色沙滩上，是颇有讲究和意义不同的。

脊椎动物学博物馆收藏的分类整理便于研究者查询所有细

图 4.1 这张图片拍摄于加州大学伯克利分校的脊椎动物学博物馆，展示了哺乳动物标本的典型储藏方式。这里展示的动物是花鼠属的金花鼠。毛皮和头骨被放置在大金属箱中，以便长期保存。它们先按所属的科、属、种和亚种的字母顺序排列，然后再按地理区域排列。每个标本都附有一个标签，显示标本的位置、属名和种名，以及采集者的相关信息，包括采集者的姓名和采集日期。每个头骨和下颌上各有一个写在骨头上的目录号，它们存储在一个带标签的盒子或玻璃小瓶中。照片由加州大学伯克利分校脊椎动物学博物馆提供。

节，有利于从事比较分析和数据检索。例如从田野采集的每个标本上都系有一个注明样本详细信息的标签，作为外场作业笔记的补充。与林奈一样，格林内尔采用的记录保存程序堪称一项技术创新，使得收藏具备了丰富的科学价值。在指导做外场作业笔记的方法时，格林内尔强调了掌握地图、天气状况和整体生态信息的重要性。而且，为了确保这些笔记能够长期保存，格林内尔坚持使用耐久性材料，如中国墨汁和档案纸。他着眼于未来，几乎把所有相关信息都记录下来。格林内尔甚至强调要记录看似多余的观察结果，因为每个样本的价值和功效都取决于所附外场笔记的质量。

格林内尔的计划是将脊椎动物学博物馆发展成一个进化研究中心，但这需要足够多的资源，这样的高需求引起了大学管理者们的关注，他们要求格林内尔提供更多能够证明收藏价值的证据。在动荡的20世纪60年代里，受到细致审查的不只是标本收藏。在这个发生社会变革的时期，保护科学家的学术象牙塔也受到了冲击。对科学的认识论和道德价值日益增长的疑虑助长了在社会和环境问题上出现的反科学情绪。

在这样的社会环境下，科学家们必须以解决社会所关注的紧迫问题来说明他们申请研究经费的必要性和从事相关科学活动的合理性。这些亟待解决的问题包括环境的恶化、生态多样性丧失、杀虫剂的过度使用和人口过剩，等等。为了应对这些变化，美国国家科学基金会等机构制定了既具有重要科学意义又具有政治相关性的科学发展目标，开展系统生物学研究便是实现这些目标的新举措之一。

为了获得国家科学基金会的支持，系统生物学家们联合编撰写了一份报告——《美国系统生物学收藏：一项重要资源》（*Systematic Biology Collections of the United States*：*An Essential Resource*），说明了系统论学者已经为在应对环境运动时发挥核心作用做好了准备。报告指出了维持多样性生态系统的重要性，以及在面对如何解决全球激增的环境问题时，生态系统中的生物种类知识是何等关键。一些为数不多的样本收藏倡导者指出，污染较小时期的收藏是提供环境比较数据的宝贵来源。感谢这些倡导者们发出的有力声援，国家科学基金会据此承诺为样本收藏提供更多资金。脊椎动物学博物馆便是持续获得国家科学基金会资助，并且利用样本收藏支持科学认识论、实现相关政治理念的学术机构之一。脊椎动物学博物馆在20世纪下半叶实现收藏现代化的过程，为我们考察当时支持和优化样本收藏的各种推动提供了一个窗口。

脊椎动物学博物馆的一项举措是用新型生物标本和冷冻组织扩充已有收藏。詹姆斯·巴顿（James Patton）是脊椎动物学博物馆哺乳动物分馆的名誉馆长。20世纪60年代，他在亚利桑那大学攻读研究生期间，发现了一种观察啮齿目动物染色体的技术。在利用这项技术研究囊鼠的染色体时，他注意到同一种群中的囊鼠核型十分多样。由于不同物种的染色体外形不同，巴顿利用这个特点，深入细致地研究了杂交种，提出关于种群动态和物种形成的一些问题。20世纪70年代，淀粉凝胶电泳技术的采用使人们有机会研究自然种群中的蛋白质差异。当巴顿的研究小组用这些技术研究囊鼠时，他们发现囊鼠在种群内和种群间均有变异，且变异程度远远大于一般啮齿动物。采用这些技术分析了被收藏物种的蛋白质后，会发现种群内存在着巨大的变异性，但也发觉一些所谓的亚种实际属于相同的种群。

20 世纪 70 年代，脊椎动物学博物馆又与其他几个机构一同获得了资助，开始实现收藏管理计算机化。计算机技术的应用可以确保博物学的现代化进程、改进策展程序并帮助开展新型研究。在个人计算机和互联网普及之前，脊椎动物学博物馆在 20 世纪 70 年代末和 80 年代初开始了数字化的初步尝试，提供了一个了解电子数据库如何改进馆藏管理的窗口。在 20 世纪 60 年代时，大多数机构仍然依靠分类目录和索引卡管理收藏。这些笔记、标签和目录均为手写，制作起来费时费力，而且难以避免人为失误。虽然自动化技术在 20 世纪 60 年代便已出现，但应用极少。由于资源稀缺，且担心支出增加，自然博物馆并未立刻采用电子数据处理技术。

经过努力推广、心理调整和时间检验，收藏管理计算机化能够有效地提高收藏管理效率已经成为不争的事实。1996 年，堪萨斯大学自然博物馆的梅勒迪斯·莱恩（Meredith Lane）在描写博物学收藏的作用时强调，收藏中存储了大量的数据，包括样本中包含的遗传和系统发育信息，以及保存在样品标签上的地理、生态及生物信息。她指出，计算机的应用已使数据检索更方便，而且未来还会有进一步的变革。比如互联网有巨大的潜力把处于分散状态的实物标本和收藏用前所未有的方式联系起来。莱恩呼吁结束竞争，并号召博物学家们团结一致，以发现和描述世界上的生物群为共同目标。为便于协作，脊椎动物学博物馆成为 21 世纪初最早将其数据库迁移到开放在线访问系统的机构之一。如今，脊椎动物学博物馆的数据库兼容了其他许多机构的数据，并且通过开发脊椎动物网继续扩大业务和影响范围。该网站是国际合作项目，目标是强化脊椎动物数据库，发展新的数据分析应用，从而改变以收藏为主的研究模式。虽然使用计算机管理收藏的过程超出了本文的范围，但对科学史学家和科学哲学家来说，它将是未来的热点研究领域。

结束语

明特尔等人引发的有关标本采集的争议表明，自然博物馆必须准备好向公众解释收藏的效用和科学意义。为此，一些著名的博物学研究机构举办了各类公开展览，他们允许游客透过窗户观看正在研究标本的科学家。将科学家们的工作进行展示，充分表明了相关机构一直在努力证明标本收藏的科学价值。

由于生命科学领域发生了变革，标本收藏在整个 20 世纪受到了严格的审查。新技术的稳定发展使人们可以更加仔细地研究生物体的分子、遗传特征和变化进程，这也使得标本和完整的生物体收藏是否具有科学效用成为审查内容。为什么还需要做动物采集工作？难道科学家不能从血液或组织样本中获取他们需要了解的一切吗？相较生物体的馆藏，难道我们的工作重点不应该是建立基因库吗？这类问题是 20 世纪后半叶激烈辩论的中心话题，也引发了今天关于研究经费分配的争论。从业人员和管理人员一向对维护收藏价值保有持之以恒的职业态度。那么，在科学和技术随着历史进程发生巨大变化的背景下，我们显然应该将关注点聚集在标本收藏不断转变的社会角色上。标本、样本和收藏既是被研究的对象，又是研究工具。这种双重身份体现在细致的收集过程中，在这个过程中，个体标本从自己的家园，或自然环境中，被迁移到组织有序的收藏中。在迁移中，标本成了研究工具，可以用来检验进化过程中的相关问题，但它们同时也是研究对象，成为周密分析的焦点。作为工具，标本和收藏都是跨领域的研究对象，不同行业的从业者围绕它们从事探索和研究，从业者的多元文化和职业身份反映了生命科学史上发生的重大变化，尤其是在进化生物学领域。

将收藏作为一个分析类别是对传统生命科学史的挑战。在以前，经验主义与博物学相对独立，而在新视角下，两者之间的内在联系引发了许多新的研究主题，也提出了许多新的问题。这些新问题有可能会成为科学史学家与担心博物学收藏会灭绝的那些从业者之间的讨论话题。那么，收藏灭绝的风险是否真实存在？清除科学收藏又会影响到哪些人和事物？关于收藏研究史的那些根深蒂固且普遍存在的错误信息将会怎样影响这些问题的答案？《科学》杂志掀起的这场争论打开了一扇窗户，从历史上看，博物学家和其他科学界人士之间似乎长期存在着一条冰冷的鸿沟。研究标本收藏作为科学工具的历史有望消除这种分歧。因为自现代早期开始，收藏便将不同行业的从业者聚集在一起，共同催生了新的科学知识。

延伸阅读指南

《博物学文化》（*Cultures of Natural History*）一书是延伸阅读的极好起点，因为它以全面易读的方式概述了 16 至 19 世纪期间对收藏产生影响的不同环境。如果想要了解复杂的从业人员网络和探索实践是如何使维多利亚时代的英国有机会开展以收藏为基础的研究，吉姆·恩德斯比（Jim Endersby）的《帝国的自然本性：约瑟夫·胡克与维多利亚时代的科学实践》（*Imperial Nature: Joseph Hooker and the Practices of Victorian Science*）是一部合适的入门文献，它向我们展示了胡克的时间如何被各种各样的活动和关系所消耗。虽然本章没有做深度介绍，但标本采集和收藏在现代欧洲早期的确发挥了重要作用。在美国，玛丽·温莎的《理解自然形态：阿加西博物馆的比较动物学》（*Reading the Shape of Nature: Comparative Zoology at the Agassiz Museum*）一书描述了如何为实现特定研究愿景去建立收藏。另外，科学界最近还整理选编了许多合集来庆祝林奈和达尔文里程碑式的贡献。

第五章

记录设备

【吉米娜·卡纳莱斯(Jimena Canales)】

吉米娜·卡纳莱斯是伊利诺伊大学香槟分校科学史专业教授，曾在哈佛大学任助理教授、副教授。出版《物理学家和哲学家：爱因斯坦、伯格森与有关“时间”的辩论》(*The Physicist and the Philosopher: Einstein, Bergson and the Debate that Changed Our Understanding of Time*, Princeton University Press, 2015)、《十分之一秒：一部历史》(*A Tenth of a Second: A History*, University of Chicago Press, 2010)以及多部关于科学、技术、艺术和哲学的著作。

很难想象，这个世界若没有记录设备会怎么样？我们是通过记录来了解世界的。从摄影到电影制片，从留声机到 MP3，从重型器械到微型装置，记录设备为人类历史和每一个人带来了深远的影响。那么，这些设备具有哪些基本的、典型的特征？刻有人类最早铭文的洞穴表层，能否也被视作最初的“记录设备”？人类的视网膜在什么情况下也可以被视为记录设备？从诞生之日起，记录设备就在不停地修正我们对隐私的看法，一个人或者一个集体许多最隐私的部分，都可能因记录设备的介入成为公开内容。由于它们改变了证据、隐私和复制权的判断标准，所以迫使我们必须重新审视法律和道德的一些核心问题。我们对地球的了解与遍布世界各个角落的记录设备显然紧密相关。不过，20 世纪 60 年代以来蓬勃发展的各个环境运动阵营认为，这并不是一个值得肯定的现象。

从 19 世纪中叶开始，为什么越来越多的研究人员开始热衷于开发记录自然现象的自动设备？除了动机各不相同，其实记录设备的采用也存在诸多争议。不同的科学家会强调每一种仪器带来的不同效果，这取决于他们所研究的学科和进行的特定研究实践。到 20 世纪时，记录设备在科学实验室得到了广泛的应用，据法国哲学家布鲁诺·拉图尔（Bruno Latour）和英国社会学家史蒂夫·伍尔加（Steve Woolgar）估算，研究人员把三分之二的工作时间都花在了实验记录设备上。

记录设备在科学领域之外也有广泛应用，为现代社会的发展和文化繁荣带来了普遍影响。在具有监控需求和追求视觉享受的现代社会中，摄影和电影制作变得越来越重要。从传统输送技术到电报、电话和无线电广播，再到最后的万维网，开发和使用记录设备的驱动力往往来自不断扩大的通信网络中存储、计算和信息发送的发展及需求。最初由人工操作，后来改由机器完成的计算和扫描工作对于分析自动生成的记录内容变得越来越重要。因此，科学领域记录设备的历史与信息革命、通信媒体的发展、现代官僚体制的建立以及“后福特主义”经济的兴起相互交织在一起。从冷战时期到个人计算机时代，电子设备日益微型化，因此更容易装配在卫星、无人机、手持设备（主要是手机）以及后来的可穿戴技术中。它们从根本上改变了我们对自动化和无人操作技术的看法。

到 20 世纪上半叶，成像和声音记录设备已经有了很大改进，能够拍摄静止和移动图像，也可以记录和再现声音。柯达公司（Kodak）以“您只需摁下快门，其余的事情交给我们”为口号，引领着摄影业的发展。商用留声机与家用唱片机行业在这些年蓬勃发展，起初的原料采用了锡箔和蜡纸，后来改用了乙烯基塑料技术。到 20 世纪 20 年代时，音响和图像记录设备开始普及。第二次世界大战后，磁技术（以模拟信号为主）和电子（以数字信号为主）技术变得越来越重要，最终发展出了盒式录音磁带、盒式录像带和计算机软盘。到了 20 世纪末，人类已经能够在数字激光 CD 和 DVD、半导体芯片及硅材料存储卡上记录声音和视频。

自发复制

这些新记录设备最终是如何遍布现代世界的？它们与工业革命中的代表性机器，如时钟、液泵和发动机有什么不同？记录设备的含义差别很大，但今天通常特指新型的记录仪器和设备，而不是具有传统记事或纪念意义的铸件、纪念碑、卷轴和书籍等旧式保存媒介。与其他媒介不同，记录设备在很大程度上录制的是自然的原生信息。它们通常被描述为能够自动、自发或即时生成精确记录的设备。摄影技术的发明者之一法国发明家尼塞弗尔·涅普斯（Nicéphore Niépce）就认为，摄影是一种自动复制技术。在最早的一次摄影展中，路易·达盖尔（Louis Daguerre）则将摄影描述为一种自发复制技术。他认为，银版摄影法不仅仅是记录自然的技术，更准确地说，它赋予了自然再现自我的能力。法国天文学家弗朗索瓦·阿拉戈（François Arago）和英国科学家亨利·福克斯·塔尔博特（Henry Fox Talbot）也认为摄影具有类似的作用，他们将摄影称为“自然写生之笔”。生理学家艾蒂安-朱尔·马雷（Étienne-Jules Marey）将图像记录技术解读为“揭示现象自身语言”的技术。基于这些原因，记录设备在很大程度上被认为是研究自然世界和保存及交流知识的特殊工具。

电影理论家鲁道夫·阿恩海姆（Rudolf Arnheim）解释道：一

幅图像记录不仅应与原物体相似，而且作为一个机械复制产品还应该能够保持这种相似性。记录设备制造了两个完全相同的世界。启蒙时代追求的是凡事需要有充分理由作为支撑，而在机械复制时代，取而代之的是“充分影像原则”，也就是说，只有可被记录的东西才可以作为证明和证据。

拓展与替代

记录设备的发展史是如何与其他科学仪器的发展史交叉并进的？自科学革命以来，在衡量人类的感知能力时，经常会考虑到仪器设备的辅助作用和效力，早期的记录设备也曾被视为类似的辅助因素。尼埃普斯在最初尝试修正暗箱成像时，将暗箱比作“人造眼睛”。

德国著名科学家赫尔姆霍兹（Helmholtz）和马雷倡导使用图示方法解释现象和问题，他们经常会以记录设备能够超越人类感官局限为由，称赞使用记录设备的好处。因为太微弱或太迅速而无法被人体器官感知的现象都可以通过设备记录下来。除了能够模仿和扩展人类感知能力，采用记录设备的另一个动力是希望用它们来完成过去人们需要利用自身感官去做的事情。

从19世纪末开始，越来越多的商业公司投入大量资金用于开发模仿类的记录设备，挖掘设备模仿人类感知的潜力。例如，1926年的一则微型照相机广告就曾放出大话：能看到，你就能拍到。

一些科学哲学家在界定“感知数据”的时候，往往以这些数

图 5.1　你能看到的，都可以拍下来。1926 年爱尔玛诺克斯（Ermanox）微型相机广告（Source：Beaumont Newhall. 1949. *The History of Photography*. New York：The Museum of Modern Art，188. ）

据能否被“感知”设备记录下来作为依据。因此，数学家和哲学家伯特兰·罗素（Bertrand Russell）在《感觉数据与物理学的关系》一文中指出，感知数据应该能够以同样的方式被观察者或机器抓取并记录下来，至于数据获取的这两种形式之间的哲学区别其实无关紧要。在后来研究爱因斯坦“相对论”的工作中，罗素坚持同样的观点：人们总是很自然地认定观察者是人，或至少是个有思维的事物，但它其实也可能是个摄像设备或计时器。

到 20 世纪下半叶，逻辑实证主义的一位主要代表人物菲利普·弗兰克（Philipp Frank）指出：人本身就是一种自我记录仪器，人的感知观察与仪器的记录并没有本质差异。在那时，机器有“视觉”的假设已经普遍存在了。

科学哲学领域

随着人类设计的机器逐渐接手了原本属于感官完成的任务，这类机器的激增将如何改变我们对世界的理解？科学唯物主义是许多现代科学思想的知识框架，最初是由具有机械性能的物质实体和机器发展起来的。而后来构想出来的新哲学体系则旨在了解一系列可替代人类感觉功能、而非身体功能的设备。到 19 世纪末，现代工业的主要特征不再是机械设备，而是化学仪器、电磁仪器和后来的电子仪器。虽然许多学者和哲学家们基于传统观念很少谈论这些新仪器，但在新一代的思想家中，有些人在哲学家亨利·贝格松（Henri Bergson）探讨摄影技术、速记表音符号和电影制作技术的启发下，于 20 世纪 20 至 30 年代，逐渐开始将新仪器纳入自己的工作中。从天文观测台到实验心理学实验室，观察者们被越来越频繁地拿来与机器进行比较，这些机器不再是笛卡尔口中的“自动机器”或马克思笔下的“引擎”，而是新型的“自动记录设备”。

有些类型的记录设备，尤其是用来获取数字数据的设备，通常被称为“铭写设备”。20 世纪上半叶，越来越多的科学实验室开始配备铭写设备和直接读取数据的仪器，用以取代旧的测量方法。天文学家阿瑟·埃丁顿（Arthur Eddington）解释道：整个精确科学的议题就在于采用指针读数和量值的显示方式。这些变化就科学家从哲学层面如何理解这些记录设备产生了深刻的影响。

我们应如何看待记录设备？受贝格松的启发，1909 年，哲学家爱德华·勒鲁瓦（Édouard Le Roy）敦促科学家们尽快认清包括记录设备在内的科学仪器，它们看似客观的结果其实已经受制于研究人员的兴趣所在。从科学哲学家皮埃尔·迪昂（Pierre Duhem）和加斯东·巴舍拉尔（Gaston Bachelard），到托马斯·库恩（Thomas Kuhn）和其他反实证主义者，都在追随勒鲁瓦，提请人们注意那些会影响仪器记录结果的理论假设。尽管科学哲学家们对记录设备的理解千差万别，但仍有很多人指出，在直接用到这些设备提供的方便时，人们应该想到，这其中所反映的科学进步远比利用分析方法处理观察数据更重要。

逐渐消失的设备

除了印刷机，卡尔·马克思（Karl Marx）的作品中几乎没有提到其他记录设备。后来，那些受马克思思想启发的人们试图寻找研究记录设备的新方法。哲学家特奥多尔·阿多尔诺（Theodor Adorno）与沃尔特·本杰明（Walter Benjamin）就曾密切合作，通过修订马克思的“商品拜物教理论”，对记录设备进行了分析。

从 20 世纪 30 年代开始，许多学者注意到，记录设备之所以能成功地“自动”生成文件，是因为它们原本就被设计成为不受记录对象干扰的仪器。沃尔特·本杰明在有关摄影和电影的论著中谈到了摄像设备隐蔽拍摄的能力。他解释说：“在这里，操作技巧的高超之处就在于现场没有任何设备。”具有讽刺意义的是，正是因为机械设备已经渗透到现实世界的方方面面，电影时代的观众才有机会感受到现实中没有设备影响的一面。

法兰克福学派一向致力于研究与资本主义和大众运动相关的记录设备，受该学派的启发，许多思想家认为，记录设备之所以被无可争议地广泛接受，根源在于特定的社会、政治及商业力量的推动。为了解记录设备如何在更广泛的社会政治环境中发挥作用，以及它们如何依赖特定的人类主观观点，20 世纪 70 年代，电影理论家让-路易·博德里（Jean-Louis Baudry）提出了“仪器理论”。他提道：“在科学实践中强调光学仪器的技术属性时，是否不仅掩盖了它们在制造意识形态产品上的作用，也隐藏了它们自身可引发的意识形态效应？”

法国哲学家雅克·德里达（Jacques Derrida）在其颇具影响力的作品中批判了支撑西方思想基础的“存在”及“逻各斯中心主义”假设，并参考记录设备得出了一些重要结论。德里达以记录设备为题，说明它们是如何影响我们对人类主体性的常见看法。以前人们普遍将自我意识理解为能够发音表意的实体，但随着新技术的出现，这种观念可能会发生转变。如果发音表意可以是意识，那么磁带录音机又是什么？从某种意义上说，录音机是一种记录声音的设备，但从另一种意义上讲，它也是一台写作机器。德里达坚持认为：从某种意义上讲，磁带录音也是文字作品。以德里达为首的“后结构主义”哲学家们设计了新的方法，用以了解人与机器、唯心主义和唯物主义之间的关系，这些方法与笛卡尔的二元论（身体和灵魂）相去甚远，同时，启蒙运动传统中的单一主体也让位于去中心化的主体。

近来，科学哲学家和社会学家一直在探索科学领域广泛使用记录设备后所产生的后续影响。他们在解释科学获得成功的原因时，试图克服大多数描述存在的明显缺失，如基本未提及铭写或记录设备，以及过于强调人的认知能力。布鲁诺·拉图尔创造了术语“不变的移动装置”，以此解释被记录的信息对塑造现代世界产生的影响。对他来说，这些记录设备取得的成功表明，在描述西方科学的发展与成功时，这些设备和其他物质实体应该得到应有的地位。科学哲学家及史学家汉斯-约尔格·莱茵伯格（Hans-Jörg Rheinberger）在其影响深远的分子生物学研究中也关注着这些仪器，他认为科学工作是一种“追踪游戏”，科学家们游走于图形或数字间，在现有成果的基础上获取新的成果，从而形成一个在不断演变的成果链。

从传媒研究到“后结构主义”

随着传媒业在战后的扩张，新一代思想家们开始从“传媒研究”这门新学科入手，结合通信技术来研究记录设备。例如，德国媒体理论家马歇尔·麦克卢汉（Marshall McLuhan）在描述留言机的制造动机时，主要探讨了留言机对人际沟通的帮助。他们把电话留言机看成是一个“重复对讲机”，能够把电话数据存储起来，使得电话成为提供有价值记录的设备。同样，弗里德里希·基特勒（Friedrich Kittler）在研究记录设备时，也只是把它们视作规模更大的存储、传输及处理技术链中的一个子系统。

在商业和哲学领域，人们普遍认为，机器和人类的感知能力具有同样的记录功能，近些年来这一哲学观点已经遭到了质疑。源自现象学和“后结构主义”的一些另类哲学运动一直致力于为记录设备在现代世界的激增提供新的解释。记录设备的成功是否应该归功于它们以和人类相似的方式“感受”世界？在《何为哲学》（*What Is Philosophy*）一书中，法国哲学家菲利克斯·伽塔利（Félix Guattari）和吉勒·德勒兹（Gilles Deleuze）给出了不同答案。他们响应罗素的呼吁，为记录设备的成功提出了另一种解释，即观察者和记录机器可以进行简单的角色互换。他们指出，罗素将观察者同化为诸如物理学家迈克尔逊（Michelson）发明的干涉仪一类的仪器和设备，或是更简单的能够在无人在场的情况下捕捉信息的照相底版、照相机或镜子。通过探讨这些设备，从事分析研究的哲学家们让我们相信了“没有感觉的感知数据”的存在。但德勒兹和伽塔利却认为，“没有感觉的感知数据”总是“在等待一个真正的观察者来查看”。那么如何处理真实观察者与被记录数据之间的矛盾关系呢？德勒兹和伽塔利提出了一个新的中间术语“可感物”（sensiblia），他们认为，记录设备之所以会起作用，是因为预设了“理想观察者”会出现。那么，现在最重要的是研究这些预设和悖论，以便了解记录设备最初是如何工作的。

技术期望

历史学家罗琳·达斯顿（Lorraine Daston）和彼得·加利森（Peter Galison）将早期记录设备的历史，特别是摄影的历史，与19世纪下半叶出现的“机械客观性”理论联系起来。这一时期，越来越多的研究人员提倡使用新技术呈现“未被干涉”的自然现象，以便获得“不受人为解释污染”的结果，也即摆脱有精湛艺术技能的人为参与。达斯顿和加利森发现，这些理想的驱动力是“自我克制的道德观”，而这种道德观是许多支持记录设备的舆论的支点。科学家为获得“机械客观性”做出的努力从两方面推动了记录技术的发展，其一是在没有“艺术家干预的情况下”制造图像生成设备；其二是改进以前的图像自动倍增技术，如光刻技术。

记录仪器的倡导者分为两类：一类热衷采用机械复制技术记录信息，另一类则侧重提高记录的精确性。直到 19 世纪末，大多数法国天文学家更倾向使用玻璃银版做精确测量，虽然塔尔博特的“负片”记录法更容易制作纸面副本。阿拉戈觉得用“达盖尔银版法”拍摄的图像很容易从玻璃板上刮掉，这是一个显著优势。不过，很多人更希望记录得以长期保存。发明了摄影旋转装置的天文学家朱尔·让森（Jules Janssen），也曾致力于开发能够保存和复制记录的方法。

激励人们研究新记录技术的愿望起初还算适度（如获得机械客观性），后来却变成了彻头彻尾的幻想（如梦想通过完美复制获得永久保存）。许多研究人员都在思考是否有可能获取完整准确的历史事件记录或人物记录。维多利亚时代的一位作家曾惊叹于录制声音的可能性，他乐观地认为，由于我们能永久保留逝者的声音，死亡对我们来说便丧失了一些刺痛感。在展示高蒙公司（Gaumont）的电影同步留声机（Chronophone，电影同步录音设备）时，演讲者表示，这台机器随着进一步的改进，能使我们的声音获得永久留存。到那天，我们将不再急于表达自己的思想，即便辞世了，我们也可以留下自己的声音，那时我们便真的长生不老了。

由于记录设备可以帮助研究人员获得连续、不间断的观测结果，因此它们在一些学科中得到了应用，如气象学和特定的天文学分支。在其他情况下，比如精密科学领域，还有人类学家及警察经常使用的生物识别技术领域，记录设备也受到了强力支持，因为它们有助于记录和保存测量数据。警察使用这些设备储存嫌犯的面部特写，能够以数字形式确定调查对象的精确人体测量结果，而且还可以用发送电报的方式传输数据。

记录与量化

并非所有的记录设备都被用来生成图片或透视图。许多记录设备并没有透镜，而是利用刻写笔和触笔在烟熏纸卷上做记录，这些纸卷缠绕在由齿轮传动装置驱动的旋转鼓轮上。这类仪器采用的主要方法是由德国的卡尔·路德维希（Carl Ludwig）、赫尔曼·赫尔姆霍兹和法国的艾蒂安-朱尔·马雷开创的“图示法”。

相比之下，有些科学家更喜欢使用可获取定量数据的记录设备，不那么热衷于图像记录仪。自19世纪初以来，科学家们在研究中更多地以阅读和计算取代了传统的观察手段来完成自己的工作。科学家利用标尺、直杆和天平上的刻度、指针测量仪器、刻度盘以及光栅水准仪，以“直读”方式就可以从事测量。这类测量值既可以自动记录下来，也可以委托助手去完成，科学家则可以做后期计算和处理。人们经常将记录仪器与这些可显示读数的新测量技术结合使用。

“仆人”设备

由电动机或齿轮传动装置驱动、可连续获取记录的机器，通常被称为“自动记录仪器”。它们与依靠触发机制（比如照相机）或用曲柄转动操控的机器（比如早期的电影摄影机）有明显差异。开发自动记录设备的主要动机之一是希望利用这类设备自动跟踪地球相对恒星的运转，并在这个过程中能够连续记录时间。气象站和天文台为了同样的目的，后来也应用了记录温度和其他气象数据的仪器。

在许多学科中，科学家们从劳动效率和操作人员接受度等角度探讨了记录设备的优势。尼埃普斯使用“自动”一词时，并不是指记录过程不耗费人力。相反，在该过程中，研究人员需要为准备印版和后续工作付出大量精力。光是曝光过程就需要几个小时。大多数早期研究人员用“自动的”“自发的”或“即时的”等词描述早期的记录设备时，是指所需的劳动较为简单，具有重复性，不需要专门的技术，也指准备工作是在机器使用前后进行的。达盖尔通过与尼埃普斯合作，将曝光时间从数小时缩减到 3 至 30 分钟，他认为，“应用这项技术不需要做太多工作，将很受女士欢迎”。阿拉戈在为众议院演示达盖尔的发明时夸口道：“这项技术牵涉的所有体力劳动均可由不具备专业知识的人按固定步骤完成，也不需要太高的灵活性。”

大多数科学家都很赞赏自动记录设备带来的好处，甚至将这些设备称为高效率的“仆人”，因为他们可以把一些工作分配给设备和操作人员去做。天文学家爱德华·霍尔登（Edward Holden）便将自己描写该主题的书命名为《摄影——天文学的“仆人”》（*Photography, The Servant of Astronomy*）。利用记录设备，天文学家可将获取的数据保存较长时间，供他们在后期从容地进行分析研究，甚至可以供其他人参考和使用。

在科学家采用自动记录仪器的初期，实验室和天文台的人力结构也正在发生变化。由于实验室和天文台的规模及复杂性都在增加，他们雇用了更多的助理和抄写员。科学机构的人力资源分配开始类同于工厂，重复性的工作，越来越多地借助机器来完成，比如简单的观察和测量。新的劳动分工高度性别化和等级化，使得脑力劳动者的社会地位明显优于体力劳动者，而且这种分化有进一步扩大的趋势。此外，记录仪器的采用导致劳动者的操作方式也发生了巨大变化，他们的劳动越来越多地聚焦在键盘和屏幕上。

人为偏差

虽然科学界使用记录设备的动机千差万别，但有一个共同点，那就是这些设备产生的记录可以消除观察者个人偏好带来的误差，这种偏好被称为观察者的人为偏差。如果一台仪器收集的数据能够避免观察者人为偏差的影响，那么这台仪器显然更值得信赖。例如，使用计时器可以将时间测量转化为空间测量。而在空间测量中，观察者个体之间的差异对测量的影响要小很多。

为减小由观察者的主观评估造成的差异，人们经常将记录设备与其他仪器结合使用。计时器是应用最广泛的记录设备之一，它的一位发明者认为，现代科学的兴起伴随着个人主观性的逐渐消除，而科学的进步则表现在对人为偏差的掌控上，纯粹的感觉信息会受到观察者人为偏差的影响，这个偏差会因不同人的不同敏感度和即时判断力的差异而变化。阿拉戈也曾强调摄影具有消除个体差异的潜力。他抱怨道："具有相同水平的科学家给出的光强度比较测量存在巨大差异。"他认为摄影是消除这些差异的最佳方法。在电影制作技术出现之前，开发早期摄影机的动机之一就是要消除观察运动现象时的人为差异。

科学记录设备的倡导者经常将所记录数据的公开性和可以获得集体见证的特性列为记录设备的突出优点。这些设备刚一面世，科学家们便立刻着手研究将它们与应用于大型演讲厅和剧院的投影设备相结合使用的方法。因此，这些技术的历史与从教室到电影院的更大范围的景观演示历史相互交织在一起。

记录设备与心理学学科

记录设备在心理学史上占有重要地位，这表明，有关现代主体的观念是与这些仪器的出现紧密相关的。采用记录设备的讨论往往以人类主体性概念为基础。天文学家埃尔韦·费伊（Hervé Faye）敦促科学家们接受记录设备，因为当无法在正常环境下从事科学观察的时候，记录设备有助于消除紧张情绪。从心理学家威廉·文特（Wilhelm Wundt）到伯尔赫斯·弗雷德里克·

斯金纳（B. F. Skinner），实验心理学学科是最早集中应用记录设备的科学领域之一。他们最初在测量人体反应的实验中使用了计时器，然后逐渐将这类设备应用到更复杂的测试和技术中。

到19世纪末，记录设备已是实验室不可或缺的组成部分，以至于科学工作在很多时候被认为具有后工业时代的劳力结构特征。在这个新结构中，不仅“思考”和“行动”相互分离，而且“感觉”越来越多地成为第三个组成部分。因此，极力主张为科学实验室配备新记录设备的美国心理学家爱德华·斯克里普丘（Edward Scripture）认为，将第一部用英语撰写的关于实验心理学的书籍命名为《思考、感觉及行动》（*Thinking*，*Feeling and Doing*）可谓恰如其分。同各领域对使用记录技术从事广告、营销以及大众文化传播的兴趣日益高涨一样，心理学家也开始热衷于使用记录设备。著名心理学家雨果·孟斯特伯格（Hugo Münsterberg）的成果生动展示了记录设备、劳动力结构、实验心理学及电影理论之间的重叠关系。

艺术与手绘

记录设备诞生伊始就对现代艺术产生了重要影响。艺术家保罗·德拉罗什（Paul Delaroche）最早描述了摄影对艺术的影响，他指出，艺术家和科学家对摄影感兴趣的原因完全相同，他们都赞叹摄影的精密性、准确性及捕捉细节的独特能力，并思考如何利用这项技术节省时间和劳力。在早期的理论模式中，科学对艺术的影响是单向的，但关于艺术史和科学史的最新研究表明，记录设备与艺术的关系远比这些早期理论模式所展示的复杂。在《摄影出现之前：绘画与摄影的发明》（*Before Photography*：*Painting and the Invention of Photography*）一书中，艺术史学家彼得·加拉西（Peter Galassi）有力地反驳了早期的理论表述，他直截了当地指出：摄影不是科学丢在艺术门前的“私生子”，而是西方绘画的“合法后代”。艺术对记录设备发展所起的推动作用并不比科学小，记录设备对科学和艺术产生了同样深远的影响。那些不愿意使用记录设备的科学家和采用记录设备的艺术家经常会质疑记录设备与科学的联系，却从未对它们与艺术的关联提出异议。

图示法和记录法在科学领域的应用并非毫无争议。在这些方法最初得到应用时，马雷的一位反对者就曾认为，如果不使用复杂的自动记录装置记录生理现象，人们能以更好的方式捕捉这些现象。有人批评马雷忽略了一个事实，即图形记录本身需要人来“解读”，因此也会面临人为偏差的挑战。记录装置只是记录了感官也可以感受到的数据曲线，而一旦需要诠释这些曲线，图像法比之直接观察便不再具有任何优越性。反对者们对记录设备的“语言”所具有的通用性也提出了质疑，并力劝人们小心谨慎，“在观察科学中，无论构造简单与否，所有仪器都是拥有特殊语言的辅助工具。在使用它们之前，必须先努力学习它们的语言”。

在接近半个世纪的时间里，科学领域对摄影技术的采用进展缓慢且充满争议。1875 年，天文学家查尔斯·沃尔夫（Charles Wolf）指出，摄影淘汰了观察者的说法荒谬可笑。他认为，要获得明确且真实的知识，观察者必不可少。沃尔夫认为直接观察更胜一筹，因为在时间变化过程中，直接观察更具连贯性和稳定性。不同的摄像机和摄影方法会生成不同的结果，但人眼却相反，它是保持不变的器官，而且通过眼睛获得的前后观察结果始终都可以相互比较。另一个反对摄影的论据立足于人类的另一优势：利用人的记忆可获得更完整的图像。经验丰富的观察者可以利用他们的记忆，从多年实践积累的印象中获取信息，并能够以这种方式从大量的记忆信息中提取瞬间发生的现象。

记录设备在科学领域的应用曾遭受过强烈批评，以至于到1882年时，大多数天文学家更青睐手绘图像。法国天文学家艾蒂安·利奥波德·特鲁夫洛（Étienne Léopold Trouvelot）就因手绘天体图像而广受赞誉。他表示，绘画具有准确性、保真性和细微性等优点（这些也是摄影通常具有的特征），此外，它们还能保留自然的精妙，因此可在图纸上重现天体的壮丽和辉煌。

被改变的距离

自动记录设备面世伊始就被认为有改变人与物之间距离的可能，不仅是空间距离，还包括时间距离。因为它具有生成时间压缩记录或时间延长记录的能力（使用慢动作和快动作等电影摄制技术），这类设备令生物学家和物理学家一样感到振奋。作家奥利弗·温德尔·霍姆斯（Oliver Wendell Holmes）在《摄影时代》（*The Age of Photography*）一书中以最具说服力的言辞强调，“物质的表现形式从此与物质本身相分离……大质量的物体通常难以移动而且贵重，但它们的表现形式却可以做到既廉价又易于广泛传播”。考古学家在提及永久记录的优点时，往往强调这些记录可以送到欧洲，在那里得到妥善保存和研究。当阿拉戈思考如何保护埃及历史遗迹和象形文字的照片免遭阿拉伯人窃取和某些旅行者的破坏时，他显然是将摄影的技术优势与法国的殖民利益联系起来了。随着自动生成记录与通信网络的结合使用，越来越多的学者意识到，我们对距离的整体理解都会随着记录技术的发展而发生改变。沃尔特·本杰明是研究记录设备如何影响距离感的主要思想家之一。他研究了诗人保罗·瓦勒里（Paul Valéry）的作品，瓦勒里曾在论文《无处不在的攻占》（La conquête de l'ubiquité）中明确阐述了记录设备对空间距离的影响。本杰明在《机械复制时代的艺术作品》（*The Work of Art in the Age of Mechanical Reproduction*）一书中解释道：由于照片和留声机的存在，教会服务已无须固守宗教殿堂，它可以出现在任何艺术爱好者的工作室里；原本在礼堂或露天表演的合唱作品现在则能够在客厅里回旋荡漾。

自动生成记录的永久性以及数据的完备程度可能会影响我们对过去和未来的了解。马丁·海德格尔（Martin Heidegger）在题为《物事》（The Thing）的演讲中探讨了记录如何影响我们对时间和空间距离的理解，他说：“电影中播放的远方最古老文化遗址就好像出现在现今车水马龙的街市上。”对海德格尔来说，可改变距离的记录引发了现代文化中最棘手的一些问题，限制了我们妥善应对未来的可能性，增加了我们面对现代技术时的无助感和焦虑感。他悲观地总结道：尽管消除了所有的距离感，但却没有带来事物之间的亲近感。

被记录的历史

从最初描述克里米亚战争和加利福尼亚淘金潮，到记录当前的各类事件，记录设备，尤其是与新闻摄影相关的记录设备，在世界历史事件中发挥了重要作用。那么，记录设备是如何改变我们对历史及历史文献看法的？沃尔特·本杰明在研究记录与历史观之间的联系后，解释道：在机械复制技术出现之前，“历史证据”立足于真实性。但由于机械复制的记录副本之间没有任何区别，传统的真实性概念便受到了威胁。

历史学家、科学家与哲学家都在思考如何获取完美、完整的记录，以及这些记录所具有的应用潜力。尽管大多数历史学家和哲学家并没有直接提及新技术（电影是个罕见的例外），但他们经常讨论如果获得了更精确、完整和完美的记录，会对他们的学科产生哪些影响。哲学家阿瑟·丹托（Arthur Danto）创造了术语“理想记录者”，描述一个不仅可以了解一切还具有即时记录能力的实体存在。一个“理想记录者”能够在事情发生的瞬间便对一切了然在心，甚至包括其他人的想法。他还应该有即时记录的天赋，过去所发生的一切都能被他原模原样地记录下来。什么是构成一个充分或完美记录的要素，是历史学中的一个重要问题，这个问题的探讨通常需要参考所使用的记录设备。

在科学、哲学、历史和艺术领域，记录设备的贡献远不止记录一个方面，它们与不断发生着的更广泛的社会变革息息相关，而这些变革一直在改变着人们对世界和对自己的理解。

第六章 显微镜

【鲍里斯·贾丁(Boris Jardine)】

鲍里斯·贾丁发表了大量有关科学仪器方面的学术成果，尤以研究仪器与文本之间关系的成果居多。目前在惠普尔科学史博物馆工作。

显微镜是最具象征意义的科学工具之一。人们印象中的科学家总是身着一件白色实验服，身旁的实验台上摆着一台造型精良的显微镜，这是认真工作、掌控自然及进入神秘世界的象征。然而，与它的近亲望远镜不同，显微镜在科学史上的作用并不明确。首先是探索它起源的过程十分艰辛，另外有关显微镜早期应用的史料也缺乏连贯性。在经过最初的艰难摸索后，显微镜终于迎来了一段黄金时期，这一时期的代表人物有罗伯特·胡克，安东尼·范·列文虎克（Antoni van Leeuwenhoek），马尔切洛·马尔皮吉（Marcello Malpighi）和简·斯瓦默丹（Jan Swammerdam）。然而这个黄金时代结束之后，显微镜似乎又回到了无所作为的状态，18 世纪显微镜学处在科学的“休眠期”。透镜的发明使显微镜学进入了现代阶段，因为它彻底消除了会影响画面清晰度的各种像差。

笔者的主要目标是从另外一个角度陈述显微镜发展史，在其他人看到的突现惊人变化的地方强调其历史发展的连续性，将有关显微镜普及、发现、交易、发明及其相关理论等看似不相关的事件连接在一起。这样做并不是为了淡化胡克、李斯特（Lister）等人的成就，而是为了将这些成就置于适当的背景下，以便更好地呈现这个极其重要的科学仪器的历史。本章将依据时间顺序展开，然而，对于如何描述20世纪的显微镜历史，本章只提出了初步建议，因为它目前尚处于起步阶段。

起　源

正像一个历史学家以颇具调侃意味的口气指出的那样，显微镜其实不需要被发明，因为透过水或不均匀的玻璃片观察物体，物体的成像便会被放大，所以我们无法讨论视像放大效应的起源。镜片研磨技术的发展起初也与微小事物的系统性研究毫无关系，因为制作镜片的目的仅在于矫正视力缺陷。如果把显微镜看作研究物质微观结构的工具，我们可以从乔瓦尼·鲁切拉伊（Giovanni Rucellai）谈起，据说他在1523年借助放大镜绘制了一只蜜蜂。但他的作品要么被当成幻象，要么被当成了魔术，并没有被所提交的机构采纳，因而也没有进入大多数历史学家的视野。事实上，关于早期显微镜的描述往往是从有明显现代仪器特征的显微设备开始的，即低地国家于1600年左右发明的、由柱形管连接的独特透镜装置，也许显微镜就是那里的工匠发明的。

对显微镜在最先开始使用的半个世纪中的情况，我们只有一幅支离破碎的图景。早期的显微镜技术先驱们曾经详细描述过最基本的双透镜系统，发明了新的显微镜基座，这些显微设备伴随着各国宫廷间的相互交往，曾经作为礼物得以在欧洲流通传播开来。早期的显微镜主要用于昆虫学研究，伽利略曾经在显微镜下看到一种昆虫的两只眼睛上都蒙着一层相当厚的膜；法国学者尼古拉斯-克劳德·法布里·德佩雷斯克（Nicolas-Claude Fabri de Peiresc）是为早期微观学奠定基础的第一人，他利用显微镜研究过跳蚤和虱子，并因此感叹“感谢上帝，如果没有这种工具相助，我们将无法了解这些生物”。1625 年，第一批在显微镜协助下完成的微观插图在罗马发表，图中展示了蜜蜂身体的各个部分，取名为《蜜蜂图解》（*Melissographia*）。

很快，解剖也成为科学观察的辅助手段，物体的内部结构也随之得到了解析和阐述。西西里教士乔瓦尼·巴蒂斯塔·奥迪耶纳（Giovanni Battista Odierna）就在解剖苍蝇眼睛并推测其感觉机制的过程中取得了重大进展。在培根思想的引领下，微观观察已经成为英国科学界一个程序化的研究手段。除了培根所说的“应该在仪器的辅助和同仁间相互协助下完成工作”，他的“所罗门之宫”里也装满了能充分、清晰观察微小躯体的显微镜，因为用其他方式无法看清苍蝇和蠕虫的外形及颜色、宝石的纹理和瑕疵、尿液和血液的详细情况等。

渐渐地，显微镜相继在植物学、矿物学和高等生物解剖学等新学科中得到了广泛应用。例如在 17 世纪中叶，英国就有两部重要著作主张在胚胎学研究中使用显微镜。一部作品是外科医生纳撒尼尔·海默尔（Nathaniel Highmore）于 1651 年出版的《生殖史》（*History of Generation*），在回答胚胎时期的鸡是先在蛋黄还是先在蛋清中发育时，顺便提到了显微镜。另一部作品是威廉·哈维（William Harvey）于同年出版的《论动物的生殖》（*Exercitationes de generatione animalium*），书中在探讨类似问题时曾鼓励研究者使用“光透视法”。

在那个盛行巧言雄辩的年代里，显微镜很快便获得了足够的舆论支撑，与在自然探索中占据主导地位的自然神学的支持者们达成了默契。自然神学是一门试图以现实现象为依据，解读超自然事物出现、存在的合理性及其特征的学科，它不仅维护了自然哲学，而且还自诩能够确保理论的客观性，尽管这个探索模式与后来我们更熟悉的研究方式相去甚远，因为后来的方式更重视研究程序和观察结果的真实性，不再把大量精力花在华丽的哲学辞藻上。使用显微镜的合理性和迫切性随观察者的视觉生理局限、显微镜本身的性质和被研究动物微观结构之间的复杂关系同步发展。这两者的协同发展正是奥迪耶纳在 17 世纪 40 年代开始研究的内容，也是后来显微镜研究的长期课题之一。在这一过程中，显微镜学和光学理论的发展从几何和解剖层面完善了人们对视力的理解。

在实际生活中，显微镜应用也在整个欧洲不断发展。制造小型高凸透镜所需的专业技能当时已广为流传，几乎所有大国的首都均设有这类透镜的生产中心。

胡克及后来者

随着理论的日趋完善和工艺技巧的不断改进，1663 年，罗伯特·胡克开始了他广为人知的显微镜研究。胡克是英国皇家学会的实验研究负责人，在皇家学会做的一系列显微镜实验演示，宣示了他在这方面研究的开始。

在准备苔藓、软木、霉菌、醋和燧石等样品的过程中，胡克充分发挥了自己卓越的实验才能。尽管显微镜已经产生了令人振奋的社会效应，但当时几乎没有任何标准用来规范标本的制备和安放、光源的选取、透镜的配置或结果的共享。事实上，显微镜本身的性质也有待了解和掌握，就像胡克在他的实验描述中写到，他在自己的两部显微镜上做了不同的镜片配置，还尝试用水、树胶、树脂、盐、砷或油等作为辅助实验材料。尽管如此，胡克最常使用的一台仪器是从伦敦商人克里斯托弗·科克（Christopher Cock）那里买来的，这是一台可以装配两片或三片透镜的大型显微镜。除了这台显微镜，胡克还购置其他一些设备用于安放和观察标本。

对于胡克及其后来的许多追随者来说，最主要的问题是光源的使用。当他坐在朝南的窗前利用显微镜从事观察的时候，经常感到光线不足，但有时候光线又会过于强烈，将标本置于被烧毁的险境中。在这种情况下，胡克会在聚光透镜和标本之间插入一张油纸，或是通过磨砂镜反射光线。当时人工照明也是一个选择，胡克曾经用一盏油灯和两个聚光透镜精心制作了一个观察系统。

从这里我们可以看出，在当时从事科学观察是非常复杂和费力的。胡克是为了避免使用单透镜而设计了这套观察系统。单透镜虽然功能强大，但很难打磨，而且在使用时眼睛必须和观察孔贴得很近。胡克常用的观察方式包括改变光的强度和调整标本的位置，以揭示被观察物的物理结构。例如，胡克在描述一只苍蝇的眼睛时指出，在不同的光线强度下可以看到苍蝇眼睛的不同结构。

胡克付出的劳动得到了相应的回报。1663 年 7 月 6 日，胡克受命准备和发表他的观察结果。在短短 18 个月的时间里，他便监督完成了《显微术》（*Micrographia*，1665）一书的编撰，这部作品无疑是早期显微镜研究领域的杰作，里面包含了大幅的折页插图，上面绘制的跳蚤、菌类、植物、松针和蜘蛛令人惊奇。当然，这些精美的绘图并不是装饰，胡克面临的主要困难是如何最有效地分享他的观察结果，在整个显微镜学发展史中，这一直是个非常重要的问题。即使能够控制样品的制备和光照度，让皇家学会的每一位同事都能通过显微镜进行观察，这绝非易事，但用于每个样本分析的大量观察结果却无法做到完全一致，例如，通过安置在不同位置的透镜得出的观察结果便不尽相同。所以书中的绘图是众多不同实验条件下的观察结果。这些观察结果所揭示的内容非同凡响，在众说纷纭的各类见解和推测中，胡克是对微型真菌做出科学描述的第一人，并且率先采用“细胞”这个词来描述软木的组分。他首次证明了微观世界极具多样性和奇异性，因此需要对其本身进行考察研究，而不是将其作为依附于现存学科的附带研究对象。

受胡克的启发和激励，许多人很快也加入探索微观世界的行列。其中最引人注目的发现来自一位原本默默无闻的荷兰人——安东尼·范·列文虎克，他是真正着手绘制胡克口中“发现新世界”蓝图的人。通过使用可以放大 250 倍以上的透镜，列文虎克最先看到了精子、细菌、血细胞和名副其实的微生物世界。

列文虎克的成就引发了人们对显微镜可信度的质疑。列文虎克的发现的确不同凡响，但他的报告是否可信？他在代尔夫特（Delft）学会是一位受人尊敬的会员，在获得皇家学会的认可之后，他在获得良好声誉的方向上迈出了一大步，但这的确是一场

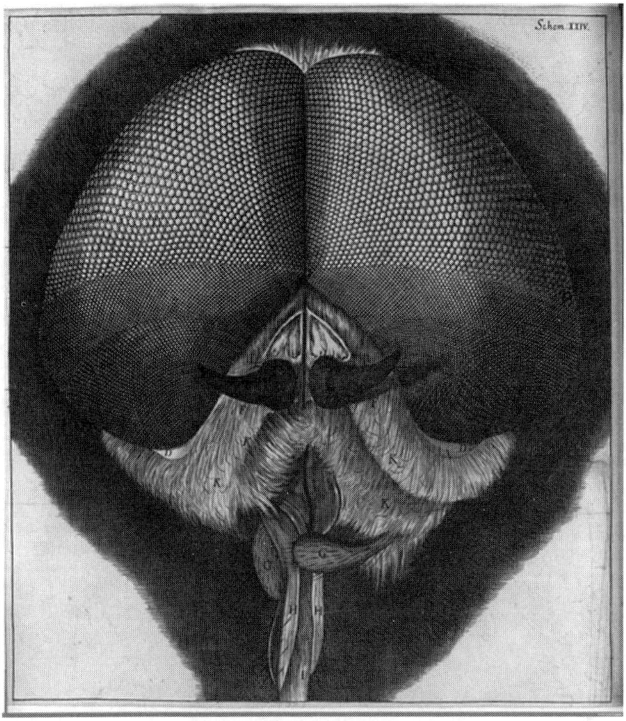

图 6.1　胡克《显微术》中的第 24 幅插图“灰蜂蝇的眼睛和头”
（Wellcome Library，London）

艰苦的胜利，即便是在自己的国家也并非易事。列文虎克的透镜制作技术是受到严格保护的，而且他的标本制备技术也十分令人钦佩，所以他在为参观者做一些特别演示的时候，需要花费很长的时间准备。例如他在一次报告中提到，为了观察昆虫的口器，他花了几天时间杀死了 100 多只蚊子。对于忙碌的列文虎克来说，远程通信可能会让他更轻松一些。为了维持皇家学会的支持，他制备了许多标本，附在信函中寄给皇家学会。他还为此赠送皇家学会200多台显微镜，这样标本和显微镜可以结合使用，为每项观察构建了一个完整的观察体系。

与《显微术》出版之前的英国研究人员一样，列文虎克同时代的研究人员也认为在发表研究结果的时候，没有必要讨论实验中的光学原理和设备设置。很明显，在那个时候，他们采用了其他标准来鉴定实验过程的真实性。例如，生活在博洛尼亚（Bologna）的皇家学会通讯员马尔切洛·马尔皮吉通过观察微小脉管和毛孔（尤其是毛细血管），用优美的文字解释了生命过程，但他几乎没有提供任何有关观察仪器的信息。而同样多产的荷兰昆虫学家简·斯瓦默丹则开启了一系列令人瞩目的昆虫生理学研究；在英国，尼赫迈亚·格鲁（Nehemiah Grew）则是植物显微解剖学的先驱。

这些研究虽然看似覆盖面颇为宽广，但其实有些项目并没有获得成功。例如，格鲁和马尔皮吉在植物中未能找到与动物相似的器官和系统，斯瓦默丹则终其一生与父亲希望他返回医学界的愿望作抗争。而更具戏剧性的现状是，那些技艺精湛的科学大师们，尤其是研究微小事物的大师们，往往是戏剧舞台和讽刺诗中嘲讽的对象。到17世纪末，在备受剧作家骚扰并目睹显微镜研究的衰退境况之后，胡克哀叹道："除了用来消遣和娱乐，已经没有任何人还在使用这个仪器。"

显微镜交易史

根据历史记录，我们不难发现，显微镜在1700年前后的发展状况的确不好。由于胡克热衷其他方面的研究，自己也已经把显微镜束之高阁；列文虎克的能力后来也很快减弱；而且随着斯瓦默丹和马尔皮吉的离世，显微镜的拥护者渐渐所剩无几。然而，从另一个角度来看，这段低潮期也许正是显微镜应用的转型期，因为正是在 17 到 18 世纪之交，显微镜的使用开始迅速得到普及。

为了理解这种转变，有必要对 1700 年前后的光学仪器交易状况做一些深入了解。在当时的英国，工匠们正在为摆脱行会的束缚抗争，当时只有行会可以决定谁可以从事交易，以及他们可以交易什么物品。而在同一时期，购买显微镜的客户也很多样，从同行制作工匠到皇室职员，应有尽有。另外，在一个多世纪前，第一批仪器制造者已实现高度专业化。他们可以把每件仪器从锻打的黄铜加工成不同规模的仪器。相比之下，新一代的制造者们则主要组装由他人制造的部件，却把自己的名字刻在组装成型的仪器上。例如，一台显微镜需要专业的镜片研磨、镜筒加工和镜座制造，这三项工艺不全是由显微镜的制造者完成的，但他们的名字会出现在最后组装成型的产品上。

因此，虽然胡克哀叹显微镜变得越来越无用，但仪器制造商詹姆斯·威尔逊（James Wilson）等人却夸口说："显微镜的应用众所周知，根本无须费力向对自然充满好奇的人推荐。列举显微镜在自然探索中的特有优势纯粹多此一举。"凭借这样的宣传，威尔逊将新型的便携式螺旋筒显微镜引入英国市场，但威尔逊的目标消费群体并不仅仅是普通大众。他发表在英国皇家学会《哲学汇刊》（*Philosophical Transactions*）上的论文说明了这一时期学术与商业之间的复杂关系。事实上，威尔逊以巧妙的方式为胡克的"自然神学论"融入了一些戏剧性场景，他在论文中谈到了利用显微镜确认的自然物甚至比“最著名的艺术作品”还令人感到惊艳，而且从中可以感受到很强的娱乐性。

威尔逊还引用了胡克在《显微术》中提到的一个观点，即廉价显微镜的开发和推销是必要的，因为廉价显微镜至少可以用来重复以往的实验。他强调这个观点的目的之一是鼓励读者理解文献的重要性。威尔逊倡导的廉价显微镜设计是一种单透镜显微镜，可以简单地安装在一个不大的外壳里。事实证明，这种设计极其成功。

尽管胡克设计的显微镜已经为欧洲一小部分专家所用，但此时的便携式显微镜已经售出了数百台之多，这些显微镜价格适中，大量感兴趣的业余爱好者都有能力购买。我们可将该情形与袖珍地球仪在近代和当代的普及推广进行比较，正如微观知识来自便携式的显微镜一样，能够提供地理知识的便携式工具迎合了快速扩张的传统教育市场。很快，许多镜片制造商和仪器制造商开始供应威尔逊的小型显微镜，和显微镜一块出售的还有预先准备好的辅助设备和样本，样本通常是包装在一个狭小容器里的小鱼尾部，而显微镜主要用来观察血液循环。

胡克其实颇有先见之明，因为他曾经说过，显微镜仅仅是一种便携式仪器，能方便地放在口袋里而已。实际上廉价设备的境遇远不像胡克想象的那么失宠，它们在整个欧洲的开发和销售使新的实验哲学取得了巨大成功。

每个国家，甚至每个地区，在知识生产和流通方面都存在细微差别。例如，英国皇家学会的《哲学汇刊》里有文章提到，威尔逊的显微镜是完全组装好的，因此用户必须直接去找仪器制造商购买。但在法国，路易·若布洛（Louis Joblot）开发了一种和威

图 6.2　根据詹姆斯·威尔逊的设计制作的螺旋筒显微镜，其配件有各种透镜和载玻片（Wellcome Library，London）

尔逊的设计非常相似的显微镜，并附有技术图解和说明，因此任何感兴趣的研究人员都可以自己收集组件，按图装配。在同一时期的德国，以布兰德（Brander）为代表的工匠制造了许多精美的仪器，其中就包括被称为“玩具”的木制显微镜。而在意大利，有许多业余爱好者是通过使用显微镜了解了其中的光学技术，其中还有一些是博学的牧师。

埃德蒙·卡尔佩珀（Edmund Culpeper）是将威尔逊的设计利用得最为成功的仪器制造商之一。卡尔佩珀以交叉短剑为商标，在伦敦开了一家名为“老数学商店”的商号从事设备交易，他的父亲是毕业于牛津大学的牧师，带他从事仪器制造的师傅是数学仪器制造商沃尔特·海斯（Walter Hayes）。通过父亲当年求学的默顿学院，他有机会接触到一些在那里工作的学者。作为一个大师级的工匠，卡尔佩珀迈出了在同时代人看来很激进冒险的一步，他离开了严格的数学仪器制造业，走进了制造和营销用于光学和哲学的实验仪器领域。

卡尔佩珀最初的尝试是将简单的显微镜整合成多用途的通用设备，但很快他就发现威尔逊巧妙设计中蕴藏的潜力。由于卡尔佩珀的主要技术背景是刻画度量刻度和描绘日晷图，因此他极有可能和镜头制造商合作过，也许就是威尔逊本人。在制造单透镜显微镜的过程中，他曾与光学仪器制造商爱德华·斯卡利特（Edward Scarlett）、约翰·马歇尔（John Marshall）以及其他一些供应复式显微镜的制造者展开过竞争，这些复式显微镜大多衍生自胡克的设计。从这些经历看得出，卡尔佩珀善于捕捉机会，多才多艺，藐视可能会制约生产规模和交易范围的种种限制，在不断扩大的中产阶级群体中，卡尔佩珀开创出数学和哲学教育的新市场，并且满足了这个市场的需求。在所有这些方面，他都是一个开拓者。

启蒙运动中的科学事业既事关发现和发明，也与商业和政治有千丝万缕的关系，但这并不会影响它在过去以及未来的重要性。新一代受欢迎的讲师们也开始广泛使用显微镜，这犹如在原本平俗乏味的自然神学中添加了一些高雅的旋律，除此之外，他们还开发了可用于集体观测的显微镜。

这一时期的显微镜使用还不是独立且限于固定学科的研究实践，而是整个欧洲收藏、演讲和展览文化的一部分。列文虎克和斯瓦默丹的藏品都曾出现在欧洲的巡回学术展览中，而在英国，了解一套完整的用于哲学研究的仪器系统是绅士文化的重要组成部分。在那个时候，显微镜使用者准备的各类标本与显微镜及数学、哲学仪器的营销实际上相互关联，浑然一体，只有把它们放在自然收藏的大背景下，所有这些才具有实际意义。显微镜本身既是被研究的对象，也可以用来探索其他研究对象。因此，虽然历史学家认为显微镜在1650年至1750年带来的发现明显减少，但也应该承认与显微镜实践相关的理论与实际展示并没有出现中断。

到18世纪中叶，显微镜的应用范围已经基本确定，这主要归功于亨利·贝克（Henry Baker）的不懈努力，他是《哲学汇刊》的定期撰稿人，也是为聋人提供教育服务的私人教师。贝克最成功的著作《显微镜下的神奇》（*The Microscope Made Easy*）借助不断扩大的通俗自然哲学市场，第一版印刷的1000册在短短5个月内便售罄。很快，重印本和新版本也随之发行，该作品还被翻译成多种语言。贝克的书中既有关于显微镜设计和制造的描述，也涉及自然世界的许多内容。《显微镜下的神奇》再次讨论了威尔逊的简易显微镜，介绍了如何在做适当调整之后，可以把它放在桌面使用，以及如何将其改造成为一台复合仪器。贝克在书中还评估了其他不同设计的显微镜的优点，这些显微镜都可以从贝克最喜欢的工匠及合作者约翰·卡夫（John Cuff）那里购买到。事实上，尽管卡夫一直面临财政困难，但两人后来的合作却意义重大。在为《显微镜下的神奇》准备写续篇时，贝克用晶体做了一系列实验。他发现当时的“卡尔佩珀款式”显微镜的聚焦机制比较粗糙，再加上功能上的局限性，严重阻碍了他的研究。于是贝克与卡夫合作设计了一台新的显微镜，仪器主体完全由黄铜制成，由一个配有精细螺旋聚焦机制的侧柱支撑，安放在一个坚固的木质底座上。虽然其他款式的显微镜仍有市场，比如卡尔佩珀和威尔逊的显微镜、本杰明·马丁（Benjamin Martin）设计的新型便携式“鼓状”显微镜，但卡夫的设计极受欢迎，并且最终成为显微镜的标准款式，被公认为是现代显微镜的雏形。

贝克的成功并不仅限于设备的营销及设计。博物学家亚伯拉罕·特朗布莱（Abraham Trembley）曾发表过关于水螅（具有显著再生能力的水生生物）的报告，根据这份报告，贝克很快发表了一篇关于水螅行为的实验报告。如果说这些都是18世纪新出现的研究对象，那么其实还有许多研究是早期工作的延续。例如，18世纪一些有影响的作者就曾介绍过胡克和早期显微镜学家的工作，解释眼睛和显微镜的光学系统。由此可见，18世纪的显微镜研究已经从早期相关作者们对显微镜的好奇，进展到了作者们能够从理论上解释现代光学知识，证明显微镜的使用其实就是人类感官的延伸，与人类的视觉系统并没有本质的区别。在昆虫眼睛所具有的性质的启发下，像本杰明·马丁这样的作者在坚持原有的自然光学完美性概念的同时，提出了新的理论。这些新理论的出现也证明了这一时期的微观研究实际上相当活跃。也许是因为与贸易、博览会及其他奇特的发现交织在一起，界限不清，显微镜的实际应用境况的确是被历史学家们低估了。

虽然显微镜应用的历史在18世纪表现得和以前似乎并不连续，但这种不连续并不是显微镜史学家们通常描述的那种情形。那时候对显微镜感兴趣的人已经不再仅限于少数热衷赞美设备优点的学者。许多有影响力的讲师们已经取而代之，成为这个领域的生力军。显微镜的交易也在蓬勃发展，新设计的显微镜更适合野外观察、公众演示和在自家客厅里使用。这时候的社会流行重点是要拥有一台由主要制造商制造的显微镜，多隆德（Dollond）、亚当斯（Adams）、马丁和卡夫等都是名牌，是高品质的标志，尽管它们采用的光学技术与17世纪相比并不一定有多大改进。当然，最初的大发现爆发期结束了，但17世纪发展起来的“自然神学论”得到了巩固，设备制造商的数量也增加了。这些对后来显微镜的快速扩展至关重要。

19世纪的显微镜

进入19世纪以后，研究昆虫、水螅或血液循环的博物学家已经有机会选择各种各样的显微镜。由于复式显微镜可能会有像差太大的问题，所以简易显微镜仍十分流行。此外，在18世纪下半叶出现的日益高涨的博物学研究热潮，引发了新一轮单透镜显微镜的设计高潮，其中最具代表性的是植物学家威廉·威瑟林（William Withering）参与设计的可折叠便携式显微镜和约翰·埃利斯（John Ellis）的“水上”显微镜，后者用一个小容器取代了载物台，因此可在自然环境中观察水生微生物。

在伦敦举办的一些公共演示中，在公共场合使用显微镜满足了许多人的个人需求。18世纪下半叶普及的日光显微镜和灯照显微镜可以将放大的图像投射到墙面上，满足集体观察微观现象的需求。曾经流行一时的客厅演示逐渐让位给规模更加壮观的大型表演，本杰明·马丁等巡回演讲人率先开始举办这类展览，后来它们也出现在首都的展会中。例如在科学演讲者古斯塔夫斯·卡特费尔托（Gustavus Katterfelto）主办的展览中，展示的奇观包括“像鸟一样大的”昆虫。直到1839年，伦敦玛丽勒本（Marylebone）圆形剧场的经营者约翰·布雷厄姆（John Braham）还在眉飞色舞地吹嘘他的显微镜有460多万倍的放大倍数（当然不可能）。

在同一时期，还有一些其他类型的演示活动。业余爱好者们会随意聚集在一起，讨论各种各样的哲学课题，显微镜学是其中的主要话题。与大型的公众展览一样，绅士集会一般也会用到巨型图表和投影显微镜，但此类集会一般以学术研讨为乐趣，没有过于喧闹的场面。从许多方面来看，显微镜都是象征追求不断改进的典型工具，它的使用可谓集实地考察、实验准备、艺术技能和耐心等诸多相关因素为一体。在各类集会中，与会者会比较各自使用的仪器、绘制的插图和幻灯片，也会对令人费解的发现展开辩论。更追求精致的显微镜发烧友会在各种不同的台式显微镜中精挑细选，其中大多数显微镜在简易配置及复合配置模式下均能工作，有些还配有多个目镜管，可以多人同时观测。

值得指出的是，在英国，这种业余的、半私人化的显微镜使用走在了实践的最前沿，而在其他地方，显微镜则通常是新建立实验室的基本设备。对约翰内斯·米勒（Johannes Müller）等实验生理学家而言，显微镜是他们的主要研究工具，尤其是在他的血球和胚胎发育研究中。正如尤塔·希科雷（Jutta Schickore）所指出的，在这一时期，德国的显微镜使用完全符合个人独立实验的自然哲学传统。虽然当时的欧洲大陆已经研发出许多优质透镜，但相对于精心培养的实验技能，显微镜的性能依然处于次要地位。

在整个19世纪，各国的实验风格之间有明显差异，但设备和文献的流通和交流却是自由顺畅的。在法国和德国，亨利·贝克的作品仍被当作权威引用，法国舍瓦利耶（Chevalier）、意大利阿米西（Amici）、德国夫琅和费（Fraunhofer）等大公司与伦敦众多制造商之间的竞争十分激烈。随着仪器制造公司之间的竞争逐渐加剧，并扩展到国际领域，各种新设计层出不穷。几乎所有从业者都意识到，这样的市场氛围可能会引发一些问题。倘若使用两种完全不同的显微镜，得出了不同的观察结果，那么如何确定结果的真伪？如何确定简易仪器与复合仪器各自的优点？当然，也有一些重要观念自18世纪以来基本没有动摇，那就是要拥有一台老牌制造商生产的优质显微镜，要重视道德声望，要避免投机买卖。然而，关于透镜、标本制备和观察实践的对比标准不仅稀少，而且差别极大。在这样的背景下，新理论往往会引发争议，这些争议最终都演变成了技术问题。

例如在19世纪早期，人们曾尝试用“小球学说”描述活体组织的形成过程。令历史学家感到困扰的不仅有“小球学说”与“细胞学说”之间的关系，还有小球理论消亡的原因，而这个原因被认为与显微镜技术的改进有关。不过在这里，理论本身是否成功并不那么重要，重要的是它将人们的注意力吸引到显微镜应用的刻度标准上。如果不同理论对微观物体的大小估算有较大差异，那么这些理论的重要性便无从谈起。在此过程中产生了一个新的术语，那就是测试对象。

查尔斯·戈林（Charles Goring）是一名在爱丁堡完成医学培训的医生。他生活的时代正是单透镜显微镜大受欢迎的时代，但他却对复式显微镜情有独钟。这方面的兴趣一直在激励着戈林设计不同的观察方法，比较它们之间的“穿透能力”。正当戈林围绕显微镜的这项能力苦苦求索的时候，却没想到测试对象的选择帮助他获得了巨大成功。最早他选择的测试对象是具有规则图案的昆虫身体部分，例如蝴蝶翅膀上的条纹。不久又换成了外形奇特的硅藻，再后来仪器商弗里德里希·阿道夫·诺贝尔（Friedrich Adolf Nobert）发明的机刻光栅成了他的观察样品，这些光栅非常精细，在尝试用显微镜分辨它们的过程中，对透镜的设计提出了更高的要求，促使他在这方面大有斩获。

在19世纪早期，制造显微镜镜片会使用不同的玻璃，人们普遍会关注这些玻璃的质量及构成，有些仪器制造商完全拒绝使用玻璃透镜，例如摩德纳（Modena）①的焦万·巴蒂斯塔·阿米西（Giovan Battista Amici）和伦敦的约翰·卡思伯特（John Cuthbert）及安德鲁·普里查德（Andrew Pritchard），他们采用的材料是钻石和蓝宝石，也尝试利用历史悠久的反射望远镜原理制造反射显微镜。但这些制作方案最终都被约瑟夫·李斯特（Joseph Lister）的成果击败，他与仪器制造商威廉·图利（William Tulley）展开合作，于1827年生产出第一台能够同时校正色差和球面像差的透镜，这两种误差是因不同频率光的折射率不同，以及光束的焦点位置不同而导致的图像失真。

李斯特首先和盖斯医院（Guy's Hospital）的托马斯·霍奇金（Thomas Hodgkin）合作，使用自己设计的显微镜观察血液。在1827年的一篇论文中，李斯特和霍奇金对“小球学说”进行了检验，他们在血细胞内未找到形成颗粒存在的证据。二人还将存在巨大差异的血细胞测量值与自己的估值进行了比较，这些估值与现代数值的吻合度极高。两位作者指出，他们使用的显微镜甚至优于阿米西的反射显微镜，虽然“小球学说”的支持者相信他们所看到的事物，但他们认为是因为使用带有缺陷的显微镜和样品

① 意大利北部城市。

制备技术误导了他们的观察结果。

如果“小球学说”是一次勇敢的尝试，让显微镜应用成为活体组织研究的关键设备，那么在建立实验活体组织学的过程中，利用新型显微镜完成的工作也发挥了决定性作用。霍奇金和李斯特的论文重申了早期显微镜学的一个重要结论，即在自然观察过程中，总会有一个层次或阶段是实验难以企及的。因此也就不难理解，在这一时期出现的施莱登和施万的细胞学说所涉及的内容远远多于“小球学说”。事实上，在早期，最引人注目的细胞研究由罗伯特·布朗（Robert Brown）完成，他用单透镜显微镜发现了细胞核并为之命名。

这个时期的其他学科也在经历微观革命。例如，德国的博物学家克里斯蒂安·戈特弗里德·埃伦贝格（Christian Gottfried Ehrenberg）宣布，地层中有很大一部分是由“纤毛虫类”生物的化石构成的，这项成果使得围绕自然界生物是否是自发产生的研究发生了显著变化。在新自然哲学受欢迎的地方，如爱丁堡，因此掀起了一股呼吁深入研究“纤毛虫类”生物的热潮。在爱丁堡之外，与埃伦贝格对话的学者中，最具影响力的是年轻的查尔斯·达尔文，他此时刚从“比格尔号”的航行中归来，也开始投入与“纤毛虫类”相关的新研究中，并希望成为一名显微镜学家。在讨论这些微生物的复杂性时，埃伦贝格的观点较为出格，最终，达尔文和其他人反驳了他的观点，但这些观点持续推动着显微镜应用技术的发展，并长期激励着人们重新思考理论推测与经验主义之间的关系。

埃伦贝格的理论只是众多新理论中的一个，这些理论表明，微观世界是普遍存在的。随着 19 世纪的到来，尤其是在利用显微

图 6.3　威廉·希思（William Heath）在 1828 年创作的版画《怪兽汤，俗称泰晤士河水》（Wellcome Library，London）

镜揭示了水污染是伦敦伤寒和霍乱爆发的根本原因之后，显微镜在公共卫生领域发挥了越来越显著的作用。

随着显微镜逐渐成为学校和实验室的重要研究工具，到 19 世纪下半叶，它已然成为新型学术型实验室了解大自然的主要手段。在实验室里，只要能够对不同的观察阶段实施妥善的管理，就可以获得以前只有通过实地考察才能得到的真实效果。此时，实验的严谨性要求显微镜学界进行合理的专业划分，赫胥黎等改革者认为，只有在新的专业科学背景下，通过专业培训，显微镜才能得以正确使用。

李斯特和戈林曾试图将显微镜光学发展成一项系统性研究，19 世纪末，德国物理学家恩斯特·阿贝（Ernst Abbe）出色地完成了两人未竟的事业。他提出了显微镜光学的理论局限性，并与卡尔·蔡司（Carl Zeiss）合作，制造了几乎具有最佳光学性能的复消色差透镜。随着细胞学说为研究模式提供了新的发展方向，样品制备方法的改进变得越来越重要。例如，标本染色技术可以使细胞构成及细菌的特点在显微镜下呈现得更加清晰。这项技术由埃伦贝格首创，而罗伯特·科赫（Robert Koch）的工作则帮助更多的人了解了这项技术。显微镜在实验室研究中确立了重要地位，这意味着有关显微镜的知识很快就会成为许多学校的教学内容，随之便有专门为学生准备的大量标准化的显微镜出现在市场上。

现代显微镜学

20 世纪的显微镜学已超出了本文的探讨范围。显微镜学这个新兴的独立学科在 19 世纪取得的成功很快走向了解体，因为显微镜逐渐发展成为专业化的工具，进入动物学、解剖学、昆虫学等不同的研究领域中。

也许研究现代显微镜学最有效的方法是追踪显微镜在实验室间的流通，因为这样做可以将显微镜的理论化、贸易和制造联系起来。例如，通过研究西班牙在佛朗哥时期使用的一台苏联显微镜，学者佩德罗·鲁伊斯-卡斯特利（Pedro Ruiz-Castell）指出了设备的流通是如何克服最难跨越的政治障碍的。显微镜在各殖民地间的流通是一个更为常见、持久的现象。植物学和微生物学研究在 19 世纪遍布全球，热带医学研究也在 20 世纪初日益繁荣，这些都使显微镜应用远远超出早期所在的欧洲地区。

20 世纪 30 年代，电子显微镜的出现是显微镜学领域发展的最伟大的进步之一，显然，仪器研究是科学史和科学哲学的重要组成部分。通过追踪电子显微镜所涉及的技术和材料，我们可以看到，虽然电子显微镜通常被看作是光学显微学的延伸和发展，但事实上，这个新仪器与 X 射线晶体学有很大关系，因此与新兴的生物物理学紧密相关。而光学显微镜的持续使用为历史学家们研究实验室中“老设备造成新冲击”的现象提供了良机。

对提倡研究显微镜的人来说，叙述显微镜的历史可以使他们在主流编史学外看到一个有趣的唯物主义及技术决定论视角下的历史。在这里，笔者试图努力证明，科学史上的连续性和重要发展不仅仅体现在理论层面上，它们也可以发生在不断变化的贸易与学术关系中，也可以发生在表演、修辞和图解技巧中。显微镜可能是最易辨识的科学工具，但对于显微镜的用途和意义，有待了解的还有很多。

第七章

望远镜

【吉姆·本内特(Jim Bennett)】

吉姆·本内特是伦敦科学博物馆的名誉馆长，曾任牛津大学科学史博物馆馆长。他曾出版 16—19 世纪仪器史、天文学史和实用数学史等方面的著作。

在所有的科学工具中，望远镜也许是最常见和最普及的设备之一。如果让人们列举一种自己知道的科学仪器，望远镜也应该是最普遍的一个答案。另外，望远镜还是典型的天文学设备，虽然天文学家们使用的工具种类繁多，如计算机、照相机、火箭和宇宙飞船，但公众最容易想到的仍然是望远镜。一门学科与一种仪器之间能够建立起如此特殊的联系，而且能够维持几个世纪，这种联系显然不同凡响，异乎寻常。

望远镜功能强大，可以帮助人们观察到原本难以看到的遥远目标。必要的设备长期以来一直是天文学实践的基础，但以往的设备主要借助机械程序或算法来介绍、管理或规范天文学家的数学工作。比如浑仪或星盘并没有帮助人们发现任何东西，也无法揭示天体的物理特性。望远镜这个名称是希腊语中“遥远”和“观看”意思的组合，表意“极目远眺”，其含义同样准确地适用于随后几个世纪出现的各种类型的望远镜。后人通常认为望远镜的原始命名出自希腊一位博学的诗人兼神学家——乔瓦尼·德米西亚尼（Giovanni Demisiani），这可能也是唯一一件让德米西亚尼名垂青史的事情。1611 年，德米西亚尼参加了于罗马举办的一场纪念伽利略的宴会，在宴会上他成功地向客人们展示了望远镜，并且第一次给出了这个由两个希腊词汇组成的名词。

在 1611 年之前，望远镜还没有被很多人当成天文学工具。天文学是一门和数学相关的学科，主要研究天体的运动，测算天体的位置。望远镜对其没有直接贡献，但却似乎与自然哲学有着更紧密的联系，尽管仅仅是与天体有关的自然哲学。伽利略为了能获得“自然哲学家”的称号，也在努力利用望远镜观测与天体的布局和运动相关的现象。在他卓越的职业生涯中，他用这些观测结果建立起一整套令人信服的理论体系，伽利略的成就仅仅是解释天文学随着望远镜的发展而改变的诸多实践中的第一个成功实例，这些改变不仅发生在天文学的技术上，还包括研究方法等方面。

早期的折射望远镜

1608 年 9 月，荷兰的泽兰省（Zeeland）当局曾向位于海牙的荷兰议会提交了一封推荐信，介绍了米德尔堡市（Middelburg）的眼镜制造商汉斯·李伯希（Hans Lipperhey）和他的一项新发明，人们借助这项发明可以看到距离非常遥远的事物，仿佛这些事物近在眼前。这是关于望远镜的最早文献记录。很快，还有其他一些人也发出了类似的声明，其中比较有名的是阿尔克马尔（Alkmaar）①的雅各布·梅修斯（Jacob Metius）和同样来自米德

① 荷兰城市。

尔堡市的撒迦利亚·扬森（Zacharias Jansen）。那么究竟谁才是望远镜真正的发明者？许多学者为此有过持久的讨论、争辩和研究。如果说这场辩论毫无结果也不准确，因为它毕竟提供了许多有价值的信息和观点，但要找出唯一确切的发明者已经不大可能。另外，史学界现在很大程度上已经不再认可得出一个明确结果才符合历史背景的观点。类似的研究热情还曾出现在望远镜史之前的历史研究中，在一些描述人工观测的文献中，出现过“通过某种特定仪器”这样的表述，似乎在说明相关观测使用了望远镜，但历史学家对这样的结论始终缺乏共识。

与望远镜相关的信息通过外交途径、学术渠道及旅行者携带的方式得以传播。1609 年 7 月，一位旅行者主动将自己了解的望远镜“秘密”卖给了威尼斯参议院。根据伽利略本人的描述，他据此成功推断出该仪器的构造，并于 8 月 24 日正式造出自己的望远镜，伽利略望远镜的放大倍数为 9 倍，他预期这部仪器会有很好的军事前景。此时，望远镜的发明已经广为人知，无法再被当作“秘密”出售。在做了进一步改进之后，伽利略将望远镜的放大率提升了 30 倍，同时他也迈出了意义深远的一步：将望远镜从登高望远和航海等方面的应用转向了天体观测。不过他并不是第一位迈出这一步的观测者。1609 年 8 月 5 日，英国著名天文学家托马斯·哈里奥特（Thomas Harriot）就已经借助望远镜绘制了一幅月球图，而伽利略是在 1610 年 3 月出版的《星际使者》中发表了自己的观察结果，并将其应用到了天体的自然哲学探索中。

与李伯希的望远镜一样，伽利略的望远镜用凸透镜作物镜，凹透镜做目镜。这种组合的效果如何，人们有不同的看法，但可以确定的是，这种方法得到的图像很小，且不容易找到眼睛的最佳观测位置。所以这种设计下的望远镜并不好用，掌握起来需要有足够的耐心和充分的练习，以至很多新用户怀疑它是否能在自然哲学或实际应用中发挥作用。开普勒是从几何层面系统描述望远镜光学性质的早期尝试者，他于1611年出版了著作《折射光学》(*Dioptrice*)，对天文学及其仪器的发展产生了深远影响。开普勒提出了不同的望远镜光学结构，并采用凸透镜作为目镜。在伽利略的仪器中，凹透镜制作的目镜被置于物镜出射光线的焦点之前，这样一来，光线在聚焦之前即通过目镜再次分散，形成一个放大的虚像。开普勒则将改进以后的目镜移动到离物镜更远的地方，使光线能够聚焦成为实像，然后再通过目镜放大图像。

这样做的优点是视野更广阔，能够获得更高的放大率，缺点是看到的图像是倒置的。不过人们很快就意识到，这些在地面做观察时看似明显的缺点，在天文观测中却影响不大。然而，更高的放大率也存在恼人的缺点。开普勒的分析证明，当时唯一能够生产出来的曲面透镜无法将平行入射光线聚集在一个焦点上，与中心点距离不同的入射光线会聚集在光轴的不同点上，因此图像模糊，而过度放大又会增加其模糊性。另外不同颜色的光线具有不同的焦平面，会形成在当时还无法解释的“像差”，当时的人们也不知道色差和开普勒提出的“球面像差”有什么区别。开普勒断定，用双曲面透镜代替球面透镜可以消除球面像差，但当时的技术还无法生产出这种透镜。

一个人的声誉常常会影响历史记录。例如，提到望远镜，人们便会想到伽利略，而开普勒的贡献却被遗忘了。其实开普勒发明的基础款天文望远镜只是他的主要贡献之一，他更为重要的成就是在分析和理解望远镜时所采用的方法，使得望远镜研究成为几何学的一个分支。他在《折射光学》一书中介绍了这些方法，将望远镜研究整合成一门学科的内容，该学科是他在1604年出版的《天文学的光学须知》（*Astronomiae Pars Optica*）中提出的。此外，在1609年出版的《新天文学》（*Astronomia Nova*）一书中，开普勒坚持认为，传统的数学天文学，尤其是行星运动的几何分析结论，必须与其物理学解释相一致。他曾强烈反对将与天体有关的自然哲学和天体位置的数学计算及预测分割开。准确地说，是他的望远镜将这类设备引入了方位天文学，也即传统天文学。与之相反，伽利略恰恰是利用望远镜摆脱了传统的束缚，成为一个自然哲学家。

在开普勒的天文望远镜中，由于来自物镜的汇聚光线可在镜筒内聚焦，因此置于焦点处的任何物体都会随观察物的视像被目镜放大，清晰地呈现给观察者。所以，如果在焦点处设置一个参考点，比如一个十字交叉点，或者一条刻度线，便可以将一台原本纯粹用于观察的望远镜变成一个可用于测量的望远瞄准器。它可以取代天文仪器的传统瞄准方式，使定位更加精确。如果要测量的视角足够小，可以包含在望远镜视野内，那么就能完成刻度测量，也可以使用由测微螺杆移动的锋利定位体边缘或金属丝完成测量。在刻有两条反向螺纹的螺杆移动下，一对用于定位的锋利边缘或金属丝可以向相反的方向移动，而且这些金属丝可以张开所需的角度对应双星之间的距离，或者是月球上的一些参考点。总体而言，望远镜通常只是测量中的一个辅助设备，不过从17世纪至19世纪，除了在陆地或海上应用的望远镜，其他大多数望远镜都是为测量而设计的。

事实上，最早应用天文望远镜做测量的人并不是什么有名的历史人物，而是来自英国约克郡的乡绅威廉·加斯科因（William Gascoigne）。他和他的两位伙伴——杰里迈亚·霍罗克斯（Jeremiah Horrocks）及威廉·克拉布特里（William Crabtree）都对天文学中的光学知识和行星理论充满兴趣，尤其是与开普勒的研究相关的内容。在一次天体观测中，一只蜘蛛恰巧在加斯科因的望远镜镜头的焦点上拉了一条丝，在加斯科因看来这简直就是天意。随后使用望远镜时，这条线显得格外醒目。两条线的交叉点可以作为校正望远镜的一个理想参考点，也被加斯科因用作半径为 4 英尺的天文六分仪上的瞄准具。加斯科因还设计了一个测微计，其中一个螺杆能使两个定位刀刃做相反方向的运动，与此同时，会有一个指针记录它们在刻度盘上的位移。17 世纪 50 年代时，英国天文学家克里斯托弗·雷恩（Christopher Wren）和荷兰天文学家克里斯蒂安·惠更斯也各自独立开发了类似的技术。后来，罗伯特·胡克、约翰·弗拉姆斯蒂德、约翰·赫维留（Johannes Hevelius）进一步扩展了这些技术的应用，而法国天文学家阿德里安·奥祖（Adrien Auzout）及让·皮卡尔（Jean Picard）则独立于早期的英国研究，在这些技术方面有了进一步的拓展。随着巴黎天文台和格林尼治天文台的建成，这类技术更是被纳入了天文测量体制，使其发展更具有持久性。望远镜原本只是观测工具，这些技术扩充了它的作用，使其成为必不可少的测量仪器及天文学的传统构成要素，正如雷恩在 1656 年言简意赅地指出，“我们把望远镜变成了天文学设备”。不同的天体研究者、数学家和自然哲学家使用的工具及技术不同，在推动这些工具和技术融合的过程中，望远镜在天文学学科改革进程中发挥了重要作用。

同样，望远镜的观测功能也取得了重要进展，其中开普勒的工作再次发挥了关键作用。既然开普勒推荐的双曲面透镜在实际制作上行不通，那么为减少他发现的球面像差问题，就需要使用曲率较小的透镜。这就意味着，虽然在观测实践中有必要将光圈缩小，但为了承受放大率的增加带来的像差，又需要使用更大的光圈收集足够多的光，形成足够相关性的图像，最后的结果是导致望远镜变得更长。这也意味着只有专业制造商才能生产出望远镜的透镜。而在此之前眼镜制造商也曾涉足望远镜和显微镜的制作和推广，并将其作为一个前景广阔的副业。到 17 世纪后期，光学仪器制造商开始将眼镜生产作为日常收入的来源，用以支持更特殊、更具挑战性的工作。在意大利，欧斯塔基奥·迪维尼（Eustachio Divini）和朱塞佩·坎帕尼（Giuseppe Campani）在望远镜制造方面脱颖而出；在奥格斯堡（Augsburg），极富天资和创新能力的德国仪器制造商约翰·维泽尔（Johann Wiesel）在商用望远镜制造方面享有很高的国际声誉；而在伦敦，克里斯托弗·科克和理查德·里夫（Richard Reeve）是望远镜的主要制造商。与此同时，天文学家也与制造商展开合作，参与了透镜的制作。惠更斯就经常自行研磨透镜，英国的保罗·尼尔（Paul Neile）、雷恩以及后来的胡克均与专业制造商密切合作过，而迪维尼和坎帕尼既是观察者又是制造者。

到 17 世纪 50 年代末，一架适用于天文观测的折射望远镜甚至有 30 英尺之长，因此望远镜的安装和操控都具有一定的挑战性。常用方法是用一根结实的竖直杆子支撑一个滑轮悬架，望远镜悬挂在杆子的中间。随着镜筒长度的增加，人们另外使用了拉绳等其他支撑装置，以保持镜筒处在合适位置。胡克和赫维留使用过的望远镜，都曾装有长 60—70 英尺的常规镜筒。赫维留在设计一个长达 150 英尺的望远镜时，为了减轻重量，只在望远镜的两端保留了常规镜筒，中间部分则采用了一系列带有中心圆孔的正方体作为替代。惠更斯在安装自己长达 123 英尺的望远镜时采用了不同的方法，他把物镜安装在一个短筒中，放在一个球形带插口的支架上，从桅杆上可以调节装置的高度，目镜也装在一个类似的短筒中，与物镜仅通过一条线状材料连接在一起。这两种方法都未能获得期望中的观测结果，所以，在那段时间里，望远镜在天文学的发展因长筒仪器安装过程中存在的机械限制而受到阻碍。

然而，这些造价高昂的发明却延续了望远镜文化。赫维留在 1673 年出版了一部制作精美的著作《天象仪》(*Machina Coelestis*)，从书中所附的长筒望远镜插图里可以看到，在安装望远镜的现场有一大群赫维留的助手和旁观者，看起来更像是一群衣着考究的上流人物参加的聚会，在波兰的但泽市（Danzig）形成一道壮观的风景。由此可以看出，望远镜的安装在当时是一项很重要的社会活动。在意大利贵族以及佛罗伦萨的西芒托学院（Accademia del Cimento）①的赞助下，意大利还曾经举办过迪维尼和坎帕尼两人制作的望远镜的公开比赛。在伦敦，查理二世（Charles II）于 17 世纪 60 年代初在怀特霍尔宫（Whitehall Palace）的花园里安装了一架由里夫设计的 36 英尺长的折射望远镜。

附加透镜的引入使望远镜技术的发展进入了一个新阶段。加入第三个透镜可以矫正开普勒望远镜成像倒置的问题，但这项改进几乎没有给天文学家带来任何实质性的效果，因为早期透镜质

① 早期的一个科学团体，1657 年由伽利略的学生在佛罗伦萨创立。

量较差，附加透镜会导致图像进一步失真。不过，由维泽尔率先使用的“场镜”带来了显著改进。他在两块平凹透镜构成的复合目镜中加入了场镜。惠更斯紧随其后，开发了以他名字命名的改良型复合目镜。这种目镜视野更好，且附带校正了一些色差。色差问题我们已多次提到，但始终没有给出明确的解释（惠更斯当时也是如此），现在让我们来探讨这个问题。

反射望远镜的起源

最终还是艾萨克·牛顿明确了色差是由于光线颜色的不同引起的，不同颜色的光线具有不同的折射率，所以当光线被折射时，它的光径必然会产生偏离。光束会在不同成像平面上形成具有不同颜色的图像，因此产生了色差。牛顿认为，只有给定的折射率，所有玻璃折射光线后产生的色散程度才会相同，所以他断定无法重新汇聚光线形成单一图像。牛顿早期对望远镜的兴趣表现在他曾尝试研磨非球面透镜，但牛顿认为，即使成功研磨出非球面透镜，色差也依然会存在，而且与球面像差相比，色差会对成像产生更大的影响。于是他另辟蹊径，基于反射原理制作了一台望远镜。这台望远镜的凹面反射镜是他自己采用铜锡合金研磨并抛光的。

牛顿的望远镜并不是第一架反射望远镜。1663 年，苏格兰数学家詹姆斯·格雷戈里（James Gregory）就曾公布过一项类似的设计，对望远镜制造产生了一定影响。在他的设计中，入射光被抛物面状的凹面物镜或主镜反射后，会被一个小很多的椭圆状辅助凹面镜拦截并反射，随后通过主镜上的中心孔进入目镜。格雷戈里起初想让光学仪器制造商按照自己的设计制造望远镜，但结果令人失望。而牛顿却成功地制造出了自己的望远镜。他的副镜是平的，与主镜的光轴成 45°角，目镜设置在主镜筒的侧面接收成像。

有关牛顿望远镜的消息后来传到了英国皇家学会，牛顿便在 1671 年将自己制造的第二件样品赠给了皇家学会。随后，1672 年的《哲学汇刊》刊登了牛顿的颜色理论，正是在研究该理论的过程中，牛顿对反射望远镜产生了兴趣并展开了研究。胡克也有过许多结合反射镜和透镜的望远镜设计，但他的动机不是建立光学理论，而是为了缩短望远镜的尺寸，使其更容易掌控。尽管当时有这样的兴趣作为驱动力，但要做到普遍制造和使用反射望远镜还尚需时日。

天文台里的望远镜

到 17 世纪末，折射望远镜已经成为一种固定的天文测量仪器。虽然赫维留率先改进了观测使用的折射望远镜，甚至开发了可辅助测微计进行测量的折射望远镜，但他却反对使用这种瞄准器，并就此与胡克进行过激烈的争论，然而这未能阻碍望远镜被普遍应用于基础测量。与天文台的建立一样，折射望远镜使测量精确度有所提高，因此极大地促进了子午仪的改良，而这项技术进步同时也满足了海上航行的迫切需求。

巴黎天文台和格林尼治天文台从一开始便在固定的测量仪器

上安装了望远瞄准器。巴黎天文台安装有两座半径 6 英尺的墙象限仪，格林尼治天文台安装有一座由胡克设计、钟表匠托马斯·汤皮恩制造的半径 10 英尺的墙象限仪，一座半径 7 英尺的墙弧仪和一座半径为 7 英尺、安装在赤道装置（一种特定的天文支架装置）上的六分仪。赤道装置上的仪器具有多功能性，如配有两架望远镜的格林尼治六分仪，其方向调整十分灵活 ，但与墙弧仪（尤其是墙象限仪）等子午仪相比，它们的不稳定性是个严重缺陷。在基础测量中，仪器应尽量少移动，而且要将有限的移动限定在子午线上，望远镜则以曲率中心为轴，沿着带有刻度的圆弧移动，以便产生最稳定一致的观测结果。测量赤纬的象限仪需要另一架安装在水平轴上的、被称为“中星仪”的望远镜的配合，用以校准子午线，当地球旋转时，通过测定一个天体穿过中心参考线的时间，可测算出天体的赤经。

作为中星仪的望远镜最早出现在哥本哈根，而非巴黎或格林尼治。丹麦天文学家奥勒·罗默（Ole Rømer）曾在巴黎天文台工作过一段时间，且与皮卡尔合作过。后来，罗默成为哥本哈根大学的天文学教授，负责管理该大学的天文台。他在哥本哈根天文台安装了一些极具创新性的仪器，不仅包括中转仪，还有一个中转环。这个中转环拥有一个完整的等高圈，可以使用两个坐标：赤纬和赤经。罗默的仪器是在皇家军械库中制作的，这种制作模式能很好地满足他的需求，但却使他的设计无法产生更广泛的影响，相比之下，商业化的企业可以做到这点，因为只要有了成功先例，商业化的企业很快就可以接收订单，复制和销售这些仪器。伦敦的工匠作坊便具有这样的特色，这些作坊后来对 18 世纪的天文学产生了深远影响。

伦敦的成功主要得益于以下几个因素：格林尼治天文台专注于利用天文学解决经度问题，有效地推动了精密天文学的发展。英国皇家学会接受主要数学仪器制造商作为会员，并鼓励他们为《哲学汇刊》撰稿。此外，经度委员会（Board of Longitude）也支持并奖励富有成效的创新。1725 年，第二位皇家天文学家埃德蒙·哈雷安装了一座半径为 8 英尺的墙象限仪，该仪器由哈雷委托乔治·格雷厄姆设计。格雷厄姆是一位杰出的钟表匠，曾与汤皮恩合作过。格雷厄姆效仿汤皮恩，也制造天文台所需的仪器，但他在这方面的影响力远远超过了汤皮恩。他为格林尼治天文台提供的仪器成了标准仪器，他提供的技术词汇也得到了广泛应用。除了格雷厄姆的象限仪外，为了探测恒星视差，格林尼治天文台还购置了一座子午仪、一座配有赤道装置的六分仪和一座地平纬仪。这些仪器都可被视为望远瞄准器，可辅助开展特定的测量，如赤经、赤纬或天顶距。这些设备与一座精密时钟配合使用，这座时钟是格雷厄姆的一个创新设计，它对整个工作程序至关重要。

这一整套天文设备在 18 世纪产生了巨大影响，这种局面的形成是因为伦敦拥有一个充满活力且茁壮成长的机械制造商群体。这些仪器是在商业环境中制造出来的，因此有别于罗默的仪器生产环境。伦敦的制造商们也热衷于为越来越多的天文台制造更多这样的仪器。1750 年，仪器制造师约翰·伯德（John Bird）根据格雷厄姆的原型为格林尼治天文台完成了第二座象限仪的制造，经度委员会发布了他的设计。在精密天文仪器制造行业赢得了国际声誉，且接收到国外订单的其他伦敦制造商有乔纳森·西森（Jonathan Sisson）、杰西·拉姆斯登（Jesse Ramsden）和爱德华·特劳顿（Edward Troughton），在整个18世纪及之后的岁月里，他们一直是伦敦设备制造业中的翘楚。

18世纪的新型望远镜

即便未被应用于基础测量，望远镜本身也取得了重要发展。部分原因在于伦敦不仅拥有一个专业仪器市场，还有一个不断扩大的大众仪器市场。在一部主要讨论望远镜的光学书籍中，“大众”一词首次出现在科学文献的标题中。在18世纪研究望远镜的著作中，罗伯特·史密斯（Robert Smith）于1738年完成的《光学大全》（*Compleat System of Opticks*）可能是销量最好的一部，该书是一部关于数学、机械及哲学的通俗著作。在此之前，反射望远镜并没有为望远镜制造业带来太大的影响，但史密斯改变了反射望远镜的命运。他认为自己的工作从整体上来看是在牛顿的知识体系中，其他试图发展反射望远镜的人也是如此。史密斯在其论著中的机械部分介绍了塞缪尔·莫利纽克斯（Samuel Molyneux）、詹姆斯·布拉德利和约翰·哈德利（John Hadley）的制镜技术。值得注意的是，制镜是一项重复而且乏味的机械工作，许多杰出的数学家和自然哲学家都曾有过研磨和抛光金属反射镜的经历，也可以说是追随牛顿的经历。

由于越来越多的人将科学实验视为高尚的娱乐活动，因此商业制造商也渐渐加入了这个行列。制造商们准备了通俗的讲座和书籍，并将它们布置在时尚的购物街上，如伦敦的干草市场和斯特兰德大街，巡回演讲者们也在伦敦以外的地方开展了类似的工作。反射望远镜是满足人们天文学兴趣的理想仪器，尤其是格雷戈里设计的反射望远镜。反射望远镜的使用者不会要求精确的位置测量，但他们需要尽可能多的入射光来观察行星、星云及月球表面的细节。于是在折射望远镜和反射望远镜之间出现了一条分界线，天文学家在天文台使用折射望远镜，主要将其用作测量位置的望远瞄准器，而反射望远镜则更多地被大众用于观察宇宙奇观。

然而，18 世纪中叶最成功的反射望远镜制造商詹姆斯・肖特（James Short）却成功地跨越了这条界线，同时涉足这两个领域。1738 年，他将自己的业务从家乡爱丁堡迁移至伦敦。他只出售反射望远镜，因为生产的透镜质量最好，所以在当时声名远扬，无人能出其右。同时他也是英国皇家学会的会员，还是 1764 年皇家天文学家的正式候选人。牛顿对他极其专业的工作给予了肯定，这无疑帮助了他，同样给予其帮助的还有牛顿的助手。根据《光学大全》的记载，数学家科林・麦克劳林（Colin Maclaurin）也对肖特的工作予以认可。除此之外，格雷戈里的反射望远镜在发展过程中逐渐应用于天文测量，也为肖特的成功奠定了一定基础。这项进展有赖于光学仪器制造商约翰・多隆德（John Dollond）发明的一种新型千分尺。多隆德将物镜沿直径切割成两半，然后将切割后的镜片分别安装在两个镜室中，配置的千分尺螺杆可以驱动它们横向移动，并能够同时测量出它们的位移。这样一来，观测者看到的是两幅和原始图像完全相同的成像，但相对更暗，可以用来在一定范围内从事测量。例如，双星可能会发生部分重合，出现这个现象所经历的位移要从它们之间的原始间隔量起。望远镜的透镜可以根据测量所需的角度旋转到任何指定的方向。虽然多隆德认为他的发明是为折射望远镜增添了一个新的特性，但如果在格雷戈里望远镜的镜筒添加一个同样分割开的长焦距透镜，这项发明一样适用于反射望远镜。

多隆德在望远镜发展历史中做出的最著名贡献是将具有重要制造及商业潜力的消色差透镜引入了望远镜。多隆德起初是伦敦的一名丝织工人，在看到光学成为许多人感兴趣的领域，而且自己又阅读了一本光学的通俗读物以后，他便开始了自己的实验研究，并且鼓励儿子彼得进入这个前景可期的行业。多隆德后来惊讶地发现牛顿关于给定折射率的光色散对于所有类型的玻璃都是相同的观点并不正确。他证明了含铅量高的火石玻璃的色散能力明显高于不含铅和铁的普通光学玻璃，这就提供了将两种玻璃做成的透镜组合在一起消除色差的可能性，实际上这个组合所产生的偏差效应相互弥合，就会消除色散。简单地说，在这个组合透镜中，火石成分产生的色差负效应恰好可以抵消普通玻璃透镜产生的色差正效应，而且从总体上还不会影响由折射产生的聚光性。

1758 年，多隆德向皇家学会提交了一篇论文，解释了自己的技术，并因此获得了科普利奖章（Copley Medal）。同年，他的透镜获得专利权。1761 年 5 月，他被推选为皇家学会会员，但却在同年 11 月突然离世，因此他的专利权移交给了儿子彼得。彼得先买断了父亲在这家企业的合伙人即制造商弗朗西斯·沃特金斯（Francis Watkins）的股份，然后尝试对其他制造商（包括沃特金斯）行使专利权，并大获成功。他认为，无论前人为制造消色差透镜做过何种尝试，父亲的成功都完全基于独立探索和他对牛顿光学理论的理解和改进。父亲多隆德绝不是一个简单的配镜师，而是一个自然哲学家。切斯特·穆尔·霍尔（Chester Moor Hall）却并不认可这项专利并向其发出挑战。霍尔是位业余的光学仪器制造者，也是位律师。他曾经提出过将普通玻璃透镜和含有火石成分的透镜组合在一起的想法，这个想法在光学仪器制造商和透镜研磨工人中广为人知。不过法院最终还是确认了多隆德的专利权，他们认为，即使多隆德不是第一个发明消色差透镜的人，他的成就也应该予以肯定，因为他是使公众关注并使用消色差透镜的第一人。

大型反射望远镜：威廉·赫歇尔及其后来者

消色差透镜的面世可谓影响深远，它很快便成为折射天文望远镜的基本元件，装备在天文台观测仪器中的望远瞄准器以及常规观测使用的望远镜上。此时的反射望远镜仍是业余观测使用的仪器，仍然面临着寻找最佳制镜方法带来的挑战，原因之一是肖特从未透露过令他大获成功的技术细节。另外，天文台内部使用带有望远瞄准器的测量仪器，也形成了自己独特的天文测量系统。威廉·赫歇尔以自己的亲身经历完美地解释了职业和业余之间的这种分化。他自己制作了反射望远镜，从史密斯的《光学大全》一书中学习了基本光学原理，然后利用业余时间从事天文观察，成为18世纪典型的业余天文爱好者。因此，当科学界和职业天文学家不得不接纳他的时候，赫歇尔的经历的确令他们当中的许多人颇感不适，或自愧不如。

赫歇尔是一位来自汉诺威（Hanover）的职业音乐家。1762

年，他为了追求音乐事业而定居英国。在成为巴斯市八角教堂管风琴师并从事着其他音乐工作的同时，赫歇尔也在尽情地挥洒着自己对望远镜和天文观测的热情。于是，在与其他设备制造商和观察者们相对隔离的情况下，他逐步开发出了独特的望远镜安装设计和个性化的制镜方法。当然，需要补充的是，每一种镜头研磨和抛光方法都带有很强的个人特点，因为这是一项必须通过实践学习才能掌握的手工技能，所以试图通过文字整理编纂，并传授这项技能的所有尝试都以失败告终，这些尝试者也包括赫歇尔本人。

到 1781 年初，赫歇尔制造大型反射望远镜的志向已十分明确，但如果让公众关注到他的天文学计划，还需要契机和成果。不过，就在当年的 3 月份，机会来了。在一次恒星观测中，他发现了一个特殊的星体，赫歇尔立即断定这不是一颗恒星。起初他以为是一颗彗星，但最终确定是一颗行星，这也是人类历史上第一颗用望远镜发现的行星，即天王星。赫歇尔当时使用的是一架牛顿望远镜，焦距为 7 英尺，孔径为 6.2 英寸。以当时的标准看，这已算大型仪器。但他还有一架望远镜，焦距为 10 英尺，孔径为 9 英寸；另外一架焦距为 20 英尺、孔径为 12 英寸。两年后，他又推出了焦距为 20 英尺，孔径为 18.7 英寸的望远镜，他最有名也是最后一台望远镜的焦距为 40 英尺，主镜直径为 4 英尺，不过这台望远镜并不是很成功。赫歇尔的这个望远镜序列很值得历史学家们研究，因为它反映了赫歇尔探究宇宙的雄心。他知道探索宇宙需要更大的望远镜，因为赫歇尔已经意识到，观察更远距离的太空，实际是在探索过去发生的事情，发现宇宙的演化过程。在今天听来，这都是很平常的事情，但在 18 世纪末期，

图 7.1　威廉·赫歇尔的大型望远镜，出自他于 1794 年 2 月发表的一幅版画（Royal Astronomical Society）

这种想法听起来很疯狂，有这种想法的人应该被送到疯人院去。如果不是因为他太过卓越，且有非凡的发现，又是皇家学会会员，获得了科普利奖章，否则赫歇尔无疑会被社会当作怪人抛弃。当然，天文学家们不会在一夜之间改变他们的研究重点，但天文学会再次随着望远镜性能的发展而发生改变。

追随赫歇尔的脚步，致力于建造大型反射望远镜的后来者们和赫歇尔一样，开始也是业余爱好者。随着仪器变得越来越大，这个领域逐渐成了有足够金钱和时间、对机械工程有浓厚兴趣者的领地。由于从业者需怀有建造大型工程的抱负，且通晓机械原理，因此这项事业在 19 世纪的英国得到发展也就不足为奇了。詹姆斯·内史密斯（James Nasmyth）是一位优秀的工程师，提前退休使他有机会专注于自己的天文学研究；而他的朋友威廉·拉塞尔（William Lassell）是一位富有的啤酒酿造商，拥有极高的机械天赋，他曾经使用蒸汽驱动的机器抛光镜面，制造了一个孔径为4英尺的反射望远镜。第三代罗斯伯爵（Earl of Rosse）威廉·帕森斯（William Parsons）则是位富有的地主，在爱尔兰拥有一座大庄园，对工程学充满激情。他最大的望远镜便安装在这座庄园里，其主镜直径为6英尺。所有这些大型望远镜都发挥了一些作用。相比之下，第一架由政府资助制造的口径为48英寸的大型反射望远镜（也是最后一架用抛光合金做物镜的反射望远镜）却令人失望。这部设备是由都柏林的制造商托马斯·格拉布（Thomas Grubb）和霍华德·格拉布（Howard Grubb）建造，于1869年交付给澳大利亚的墨尔本天文台（Melbourne Observatory）使用。

现代天文学的重要工具

望远镜的发展主要集中在西方世界，将它们引入世界其他地方的是传教士和殖民机构。即便是在古代技术发明摇篮的中国，那里的人也是通过耶稣会会士接触到望远镜的。然而，西方的望远镜制造史是一部动态历史，很大程度借助于不断发展的商业和技术成就。

折射天文望远镜制造的工业分布情况在19世纪发生了转变，德国、法国及后来的美国成为主要参与者。1803年，德国贝内迪克特博伊恩修道院（Benediktbeuern）脱离教会，建立了“数学机械研究所”（Mathematical-Mechanical Institute），并逐渐形成了制造精密设备的慕尼黑学派，对望远镜的历史产生了深远影响。这个团队包括制造商格奥尔格·冯·赖兴巴赫（Georg von Reichenbach）、钟表制造商约瑟夫·利布赫尔（Joseph Liebherr）、仪器制造商约瑟夫·尤兹内德尔（Joseph Utzschneider），以及 1806 年加入的光学仪器制造学徒约瑟夫·冯·夫琅和费（Joseph von Fraunhofer）和 1809 年加入的瑞士玻璃制造商皮埃尔·路易·吉南（Pierre Louis Guinand），在与望远镜相关的光学和机械领域形成了一个强大的人才群体，经过艰苦研究和试验，夫琅和费对玻璃的性能和质量，以及透镜选型有了足够的了解和控制能力。为了寻找单色光源精确测定玻璃的折射特性，夫琅和费发明了分光仪，并发现了太阳光谱中的暗线。他为哥尼斯堡天文台（Königsberg Observatory）建造的量日仪完美地结合了光学和机械技术。该仪器主要由一个赤道装置和一块被切割开的直径为 6.2 英寸的消色差物镜构成。1838 年，德国天文学家弗里德里希·贝塞尔（Friedrich Bessel）用这台仪器测量了恒星视差。为了让这些仪器更加实用，德国制造商对它们进行了一系列改进。如将子午环改造为标准的子午仪。各个天文台争先恐后地安装他们的仪器，就像 18 世纪时他们争抢着安装伦敦制造商生产的仪器一样。

尽管主要的天文设备制造企业是英国人托马斯建在都柏林的格拉布公司，不过在进入 19 世纪后期以后，法国和美国的制造商也成为重要天文仪器的生产商。托马斯在其早期工作中曾受到罗斯伯爵的鼓励，其子霍华德也加入了他的事业，并继承了他的公司。位于伯明翰（Birmingham）的钱斯兄弟公司（Chance Brothers）在 19 世纪中叶引进了德国企业的技术和人才，改善了英国光学玻璃的生产状况。在法国，19 世纪下半叶最主要的光学仪器制造商是保罗·戈蒂埃（Paul Gautier），他建造了史上最大的折射望远镜，其透镜直径为 1.25 米，焦距近 60 米，配有一座直径为2 米、重 7 吨的巨大定星镜。在 1900 年举办的巴黎世界博览会上，这架不同寻常的设备曾被作为展品安排在“光学宫”里。但实际上这台设备并没有发挥什么作用，个中原因并不在于戈蒂埃，而是因为当时无法按照天文测量的要求安装和调试这台望远镜。在美国，天文学家阿尔万·克拉克（Alvan Clark）和他的儿子们在 1846 年成立了一家望远镜制造厂，主要加工钱斯兄弟等公司生产的玻璃坯料，他们制造的带有赤道装置的大型折射望远镜一直备受推崇。值得一提的是，他们将一架口径为 30 英寸的折射望远镜成功出售给俄罗斯普尔科沃天文台（Pulkova Observatory）。此后，他们为加利福尼亚州利克天文台（Lick Observatory）制造了一架口径为 36 英寸的折射望远镜。1897 年，该公司又为威斯康星州的叶凯士天文台（Yerkes Observatory）制造了口径为 40 英寸的望远镜。目前，这是世界上仍在运行的最大的折射望远镜，被视为折射望远镜的巅峰。

望远镜的发展再次改变了天文学的研究方式。19 世纪后期，照相机和光谱仪在赤道折射仪上的应用开辟了一个在以前无法想象的研究领域，并为天体物理学研究铺平了道路。特别是光谱学的引入，为研究者开拓了一个广阔的探索空间。传统天文观测的理念是可以通过恒星发出的光确定其位置，大型反射望远镜也曾被用来推测恒星的结构和演变，现在看来，天体发出的光还蕴含着其化学组成的信息。这一变化完全可以与伽利略利用望远镜开启天体自然哲学研究的成就相媲美，为天文学发展带来了深刻的影响。

20世纪是巨型反射望远镜的时代，望远镜也是在这一时期将接受光源从可见光扩展到电磁波段。在19世纪中叶，法国物理学家莱昂·福柯（Léon Foucaulte）发明了用镀银玻璃取代合金反射面的技术，为制造更轻、更大的镜片提供了可能性。因此早在1908年，美国天文学家乔治·威利斯·里奇（George Willis Richie）便为威尔逊山天文台（Mount Wilson Observatory）制造了一架口径为60英寸的赤道反射仪（反射望远镜的一种）。1917年，他又为该天文台制造了一架口径为100英寸的望远镜。乔治·埃勒里·海耳（George Ellery Hale）是建造这两架望远镜的幕后推动人，他随后又成功地主持领导了在帕洛马山（Mount Palomar）上建造一架口径为200英寸望远镜的项目，这台望远镜配有镀铝的耐热玻璃反射镜，于1948年建成。这些设备以及在20世纪设计和建筑热潮中出现的许多其他设备，都是与技术、金融、工程甚至政治相关的重大项目。将各类仪器组合成设备群配合使用已经成为常态，望远镜的概念也因而拓展到了射电天文学，或者成为被送入太空的仪器的一部分。“极目远眺”，这个在17世纪初寄托在那些“小镜筒”上的期望在历史的长河中始终历久弥新，承载着人类持之以恒的追求，在不断变化的天文学实践中不断发展。

第八章

棱镜、分光镜、光谱仪和光栅

【克劳斯·亨切尔(Klaus Hentschel)】

克劳斯·亨切尔是斯图加特大学科技史专业教授。主要研究相对论、量子物理学、光谱学，以及仪器、实验与理论的相互作用。[①]

---

①大卫·奥班(David Aubin)、安妮米可·韦伯恩(Annemieke Verboon)和罗南·勒·鲁(Ronan Le Roux)对本章不同部分提出了专业的建议，在此向他们表示感谢。

棱镜——从玩具到工具

世界上几乎所有地区的人都曾独立观察到由光折射引起的多彩效应，如彩虹，但直到近代早期，在穆拉诺水晶玻璃配方传遍整个欧洲大陆以后，才开始出现针对这种现象的大量实验研究。穆拉诺（Murano）是威尼斯附近的一座小岛，具有悠久的玻璃制造历史。乔瓦尼·巴蒂斯塔·德拉·波尔塔（Giovanni Battista Della Porta）出版于1593年的《彩虹与颜色》（*De iride et colore*）、约翰·皮查姆（John Peacham）出版于1612年的《高雅活动》（*Gentlemanly Exercises*）、勒内·笛卡尔（René Descartes）出版于1637年的《屈光学》（*Dioptice*）以及马库斯·马尔奇（Marcus Marci）出版于1648年的《彩虹》（*Thaumantias*）等著作都提到过“三棱镜”“彩虹三方晶”或“三角玻璃”等术语。当时人们普遍对光线通过棱镜会产生奇怪颜色倍感困惑，感觉这个现象不仅怪异，甚至还有些恐怖。有些人则怀疑这种现象根本就是人们脑海里出现的幻象。

在艾萨克·牛顿之前，所有的光学理论都指出，颜色是自然（白色）光经过玻璃或其他介质时发生的非自然变化。笛卡尔等人认为，颜色是以太粒子以非垂直角度撞击玻璃、水或其他衍射介质的表面所发生的旋转效应，而马尔奇则猜测，光在穿过玻璃时会产生某种疲劳效应。

牛顿在他题为《哲学的若干问题》（*Questiones quædam philosophicæ* 1664—1665）的笔记中第一次谈到了使用棱镜对“著名的颜色现象”进行实验的情况。1664 年，他在伦敦斯陶尔布里奇的一个集市上购买了一只棱镜。在这个集市里，棱镜是被当作玩具出售的。[1] 1672 年，他在《哲学汇刊》上发表了《光与颜色的新理论》，以“光是由具有不同折射率的光线组成”为假设，颠覆了之前所有的光学理论。由此可见，彩色光是光的自然状态，而白光只是不同颜色光的组合效应而已。牛顿正是利用棱镜把这些混合光分解成不同颜色的光组分。牛顿这个关键实验的结果表明：光一旦被分解为基本颜色组分（他认为颜色的数量恰好为 7，对应音阶的数量），这些光谱颜色便无法再被第二个棱镜进一步分解。[2] 就此问题，在与耶稣会会士、他的主要竞争对手罗伯特·胡克及其他一些人展开激烈辩论之后，牛顿提出了关于颜色和光的“微粒说”，最终成为主流理论，主导了整个 18 世纪的光学研究，直到 19 世纪初光的“波动说”兴起。

太阳光谱中的暗线：沃拉斯顿与夫琅和费

19 世纪初期，由于人们在棱镜装置上新加了一条窄缝，且随着棱镜玻璃质量的改进，因而不连续的线状光谱成为光学领域最重要的发现之一。虽然物理学家托马斯·梅尔维尔（Thomas Melvill）曾在火焰的光谱中观察到一条显著黄线，但我们暂且不对此进行讨论。1802 年，通过观察一束日光穿过一条 1.5 毫米宽的窄缝和一个与之相距 3 米的优质火石棱镜后产生的现象，英国医师、化学家及矿物学家威廉·海德·沃拉斯顿（William Hyde Wollaston）注意到，光谱中的四个颜色（红、黄绿、蓝和紫）明显被它们之间的暗条纹分隔开，他将这些暗条纹称为“暗线”。有趣的是，沃拉斯顿将这些暗区理解为光谱不同颜色区域之间的显著分界线，但把这些暗条纹看作每一个色区的固有边界显然是太过主观的想法。后来，约瑟夫·夫琅和费再次发现了暗线，人们便对此展开了更有针对性的探索。夫琅和费是位年轻的光学仪器制造师，就职于 1802 年成立的慕尼黑机械研究所。1806 年，为了应对拿破仑对不列颠群岛实行的封锁，满足日益增长的天文及光学仪器需求，夫琅和费所在的研究所开始生产科学仪器。在生产的测地仪器中，最畅销的角度测量仪器是天文仪器制造商冯·赖兴巴赫设计的经纬仪，精度可以控制在 10 英寸以内。赖兴巴赫正是从英国的拉姆斯登工作坊学习掌握了相关技术。1801 年，在巴伐利亚州进行的地理勘测中，慕尼黑的精密仪器发挥了不可替代的作用。法国地质局也参与了这项工程之初的测量。[3]

1803 年，巴伐利亚的修道院脱离教会。随后，慕尼黑研究所的光学部门被转移到从前的贝内迪克特博伊恩修道院。从 1806 年起，夫琅和费便在这里工作，他主要效力于约瑟夫・尤兹内德尔，研究如何改进玻璃和透镜的生产。夫琅和费表现出色，不到三年便成为光学部的负责人，并于 1814 年成为合伙人。他对太阳光谱中的暗线十分感兴趣，因为它们总是出现在同一个地方（即处在连续光谱色阶中的特定色度处）。因此，在研究各种玻璃的折射率时，他可以利用这些暗线标记特定的波长（即各个单色光的波长）。这些特性对于生产消色差透镜和色散率较高的棱镜至关重要。在测量特征光线入射角和反射角的过程中，夫琅和费发现了折射率 n 随光线颜色变化的规律，并将其测量值精确到了小数点后五位。在这些探索过程中，他还设计了分光镜，即现代分光镜的雏形。分光镜的棱镜将入射光分解成光谱，生成的光谱再由望远镜放大，以便后续观察。这两件设备都安装在一台经纬仪上，经纬仪带有一个可旋转的金属圆盘，上面有精确的角度盘。

用光谱中的暗条纹做标记可解决光学产业中的实际问题，为此夫琅和费共记录了其中 574 条暗线，即现在所称的“夫琅和费线”，并于 1814 年发布了第一张光谱图，精确地展示了从整个太阳光谱中精选出的近 350 条暗线的具体位置。他按字母顺序把它们从红色标注到紫色，并在这张光谱图的上方添加了一条曲线，表示颜色的亮度变化。这条曲线表明，对人眼来说，光谱中间的黄绿色区域亮度最高，并以此为中心向红色和紫色末端递减。利用一个垂直于水平面、与入射光成 45° 角的半透明平面镜装置，夫琅和费将来自火焰的参考光叠加到目镜上，火焰与经纬仪望远镜之间的距离可以调整。为了测量相对亮度，他设定了火焰离望

图 8. 1 夫琅和费设计的第一台棱镜分光仪：一种改进的经纬仪。1814 年至 1815 年间，夫琅和费利用该仪器测量了“夫琅和费线”。观测望远镜下方的圆盘带有刻度，两个放大透镜可使圆盘上的读数更加精确；上方是装有 60°单棱镜（左上角）的可旋转固定装置和孔径为 25 毫米的经纬仪望远镜（右上角）。测微螺旋（背面）可调节望远镜的位置，使其与入射光束形成一定的角度。这是德国慕尼黑博物馆（Deutsches Museum）收藏的原始装置照片。

远镜的距离，使其与太阳光的强度大致相当，火焰光强度的变化则与望远镜距离的平方成反比。若更仔细地研究这些“夫琅和费线”之间的相对距离，可发现它们与所使用的衍射玻璃的类型相关。例如，与普通玻璃制成的棱镜相比，火石棱镜产生的红色少，但蓝色和紫色多，而且其生成的光谱约为普通玻璃棱镜的两倍宽。如果使用充满液态二硫化碳或肉桂油的空心棱镜，可获得更宽的光谱。因此，暗线不再是标记光的特定颜色的便利手段。

它们本身也逐渐成为系统研究的焦点，夫琅和费也为这一研究做出了贡献，特别是他于1819年将工作坊搬回慕尼黑之后。[4]

通过研究夫琅和费在1814年发表的文章，我们还发现了他借助棱镜分析其他发光源的相关评论。这些光源包括金星、一些重要的恒星和电弧光。例如，他注意到，“不同于太阳光谱中含有的暗线，蜡烛火焰产生的光谱中含有亮线。此外，在橙色区域，有别于光谱其余部分，那里有两条完全一样的双亮线，其位置与太阳光谱中D双线所在的位置相同”。他还在针对电力发动机生成的光和月光所做的色散实验中发现，这两种光源的浅色光部分与太阳光中一些固定谱线相同的光谱线会出现在完全相同的地方。但这些发现并没有引发进一步的探索，直到1849年法国物理学家、天文学家让·贝尔纳·莱昂·傅科（Jean Bernard Léon Foucault）在对电弧的亮黄色光线做光谱分析时观察到了相同的现象。为了核实这一巧合，傅科将太阳光谱叠加到电弧光谱上，令他吃惊的是，他发现叠加了电弧光谱的“夫琅和费D线”会比叠加前还暗。尽管这项研究成果仅出自一条光谱线，而且发表在一份鲜为人知的出版物中，但却最先表明发光气体的发射与吸收特性之间存在紧密联系。1845年，伦敦的化学教授威廉·艾伦·米勒（William Allen Miller）也发现了类似的现象。他注意到，油类燃烧产生的火焰光谱会强化“夫琅和费线”。同年，他发表了燃烧氯化钙、氯化铜、氯化钡和硝酸锶等产生的火焰光谱的观察结果。[5]

光谱分析的兴起：斯旺、本生和基尔霍夫

1853 年至 1854 年间，德国化学家罗伯特·本生（Robert Bunsen）和大学技工彼得·德萨加（Peter Desaga）及他的学生（后来又成为研究搭档的）亨利·恩菲尔德·罗斯科（Henry Enfield Roscoe）合作设计改进了煤气灯，这项进步起到了决定性的作用。与当时普遍使用的煤气灯及油灯的火焰相比，改进后的“本生灯”利用煤气与空气的混合物做燃料，其火焰温度会高出许多，甚至能够超过 1800℃，而且不会产生没有烧尽的碳（也就是说燃烧过程是无烟的）。另外，“本生灯”燃烧火焰的颜色相对较淡，更有利于分析火焰和光谱的颜色特性。苏格兰化学家威廉·斯旺（William Swan）随即开始着手研究燃烧特定元素或特定种类物质时的火焰棱镜光谱，寻找特定光谱线和光谱线组与这些物质及复合物质的关系。仅仅六年之后，斯旺所推测的这种物理关联便得到了证实。

自 19 世纪 50 年代中期起，本生也一直在利用自己的新型燃烧器，并根据燃烧的颜色特征推断蒸发盐的化学成分。他与他的英国学生罗兰森·卡特梅尔（Rowlandson Cartmell）一起研究了不同滤光片对火焰颜色的影响，希望借此区分一些具有相似火焰的元素，但他的实验结果远未达到预期的效果，这主要是因为当时有色玻璃的生产方式受限，滤光片的透射范围过大，因此不具有足够精确的选择性。本生的同事和朋友，来自海德堡的物理学家古斯塔夫·罗伯特·基尔霍夫（Gustav Robert Kirchhoff）建议用棱

图 8.2 施泰因海尔为基尔霍夫制造的多棱镜分光镜。借助狭缝（见右上角）处的倾斜棱镜，该分光镜可以让人们同时观察两个火焰的光谱，光谱上叠加一个由单独火焰照亮的标度，有利于准确测定谱线间隔。

镜分解光线组分，形成光谱。作为物理学家的基尔霍夫对分光镜非常熟悉，但化学家并不经常使用分光镜。根据基尔霍夫的建议，本生转而寻找特定化学元素所特有的光谱。他十分擅长利用实验装置进行无机分析，所以很快便从“本生灯”火焰中识别出整个系列的化学元素及其混合物的特征光谱线。[6]

在实验中他们将来自两个不同火焰的光导引到同一条传输路径，形成一个叠加后的光谱，这个巧妙的方法有助于准确记录每条光谱线的位置。在他们发表的名为《光谱观测的化学分析》的研究论文中，有一页用整版插图描绘了碱金属系列和其他一些元素的特征光谱。后来，化学家和物理学家们在无数的书籍、文章和讲座中引用了这张图，并将其传播到实验室、天文台甚至学校中。为了更精确地记录不同元素的光谱，本生和基尔霍夫在1860年至1861年间设计了一种更精密的多棱镜分光镜，交由卡尔·奥古斯特·施泰因海尔（Karl August Steinheil）做了小批量生产。

光谱学的多层面应用

本生的实验显示，在实验中只需使用微量的钠（0.0000003毫克）就能够从其火焰光谱中检测到钠的特征黄色D线，这说明定性光谱分析具有巨大潜力。1860年3月，本生在某些光谱中看到了明显的蓝色和红色谱线。他从4.4万升来自德国小镇杜克汉姆（Dürkheim）的矿物质水中提取出一份浓缩样品，并在其中发现了一种新的化学元素——铯（caesium），这个名称来自拉丁语“caesia”，意为天蓝色。在接下来的一年里，他用同样的方法，从萨克森州（Saxony）近150千克锂云母中分离出新元素铷（rubidium），该名称来自拉丁语“rubidus”，意为深红色。有效地使用光谱分析方法不仅需要光谱学家的敏锐观察力，还需要优秀化学家所掌握的分析知识。类似的方法很快带来进一步发现，例如，化学家威廉·克鲁克斯（William Crookes）在1861年发现了元素铊，而铟和镓则相继于1863年和1875年被发现。不过，由于有些人错误地认定了已知元素的特征光谱，也曾经利用这个看似简单的方法做出了许多草率的结论。

在1859年至1860年间，光谱分析取得了令人瞩目的成就，因此很快便在化学及医学实验室、天文台、医院、法庭及钢厂中得到应用，之后几年内，它也出现在校园实验室中。除了将其广泛应用于定性分析，1860 年之后，面向各类受众的许多入门级的书本也开始介绍光谱分析技术，进一步推动了这项新技术的普及。

此后，光谱分析方法在各个领域的新应用令人目不暇接。例如冶金领域，在一个简单的小型直视分光镜的辅助下，监察员可在钢水失去流动性之前，很容易确定钢水脱碳的确切时刻。以前，当观察容器内炽热金属的颜色发生细微变化时，要求观察者具备很高的技能，但现在只需要区分光谱中的铁谱线和一氧化碳谱带就够了，一氧化碳谱带在脱碳过程结束时便会消失。类似的，若要对各种气体和血液等吸收性液体做化学分析，只需要区分它们的各种谱线和谱带模式。在实验条件可控的实验室环境中绘制各种光谱，并将它们与未知物质或未知物理条件下的物质光谱进行系统比较，成为 19 世纪剩下的时间里各科学部门的主要关注点。光谱仪设计的各种改进大大提高了精密光谱和光谱精细结构分析的分辨率，例如 1839 年引入的准直器，19 世纪六七十年代出现的多棱镜链最小偏差角的自动设置，也即所谓的利特罗装置。

太阳物理学和化学：天体物理学的起源

由于光谱分析在发现新元素的过程中发挥了重要作用，且在化学领域得到了广泛应用，因此它成为权威的分析手段。但本生和基尔霍夫对它的认识截然不同。当用燃烧器的火焰蒸发化学物质时，基尔霍夫在黑暗背景中看到了明亮的光谱线。那么，这些线与分割原本连续的太阳光谱的暗线有什么关系？基尔霍夫对钠的两条黄色 D 线做了如下描述：

> 我利用光线投射的方式生成了一个太阳光谱，在太阳光线进入狭缝之前先通过盐燃烧产生的强烈火焰，如果太阳光因此而大量减少，两条暗色 D 线的位置则会出现两条亮线；但如果太阳光的强度超过了某个极限，这两条暗线会比没有经过钠盐燃烧火焰的光谱中的暗线更加明显。
>
> （Stokes 1860，195）

这项实验表明，钠蒸气的亮线可以转化为暗线，这与夫琅和费在太阳光谱中发现的暗线相似。基尔霍夫认为，暗谱带是发光气体的吸收线，而亮谱带则是气体的发射光造成的。因此，这两类光谱均被视作彼此可逆的负像。他认为这种方法虽然简单，却是探索太阳化学成分的关键手段。1860 年 2 月在写给罗斯科的信中，夫琅和费谈道：

> 太阳拥有一个炽热的大气层，它包围着一个温度更高的固体核。如果我们能看到太阳大气层的光谱，便能从中看到大气中的金属所特有的亮谱带，基于这些谱线，可以推断出大气中所含的金属类型。然而，太阳固体部分的亮度更高，这使其大气光谱无法显现；基于我之前阐述的观点，固体部分的亮度逆转了大气光谱，因此生成的是暗线，而不是大气光谱本身会呈现的亮线。所以我们看不到真正的太阳大气光谱，但能看到它的负像。这同样可以有效地确定太阳大气中所含的金属。为此，我们只需准确掌握太阳光谱和各种金属

光谱的相关知识。

（Kirchhoff to Roscoe，Published in Roscoe 1869，185–6）

可证实暗线会与亮线重合的化学元素越来越多，如含60多条重合线的铁。根据基尔霍夫的计算，如果所有这些重合纯属偶然，那么它们同时发生的概率仅为一百亿亿分之一！因此，这不仅合理地解释了当时仍令人费解的“夫琅和费光谱”的成因，而且还提供了一个新的太阳模型，但这仍未解决一个问题：太阳的核心温度极高，但它为何仍能保持固态且会发光？当发现在特定条件下气体也能发射连续光谱时，业内便放弃了基尔霍夫这个猜想。通过与实验室里产生的发射光谱进行比较，便可根据太阳光谱中特定谱线的存在或缺失来确定太阳的化学成分。这一设想激励着基尔霍夫在1860年绘制了一系列详细的太阳光谱图。施泰因海尔根据基尔霍夫的具体要求制作了三棱镜分光仪，但基尔霍夫用该仪器观察光谱时严重损伤了眼睛，因此剩下的光谱图只能由他的一个学生接手绘制，这项工作最终于1861年宣告完成。业余爱好者们随后开始利用“棱镜色散”的物理学研究法对天体的构成进行化学分析，而传统天文学家却在这一新兴学科的初始阶段表现得极为冷漠。1865年，莱比锡（Leipzig）的约翰·卡尔·弗里德里希·策尔纳（Johann Karl Friedrich Zöllner）提出了用“天体物理学”一词命名这个新诞生的学科。不隶属任何机构的“业余科学家们”很快意识到，通过改进棱镜分光镜和电弧的使用方法，利用已掌握的相对有限的手段，他们也可以迅速取得重要成果。摄影术发明后，业余天文学家、银版照相师和摄影师最先获得了高质量的太阳、行星及恒星光谱照片（1843年），如物理学家约翰·威廉·德雷珀（John William Draper）和他的儿子亨利·德雷珀（Henry Draper）。分光镜因此被转化为光谱仪，可帮助研究超出人类视力范围的波长，如红外线或紫外线。

英国天文学家约瑟夫·诺曼·洛克耶（Joseph Norman Lockyer）是最先研究太阳黑子及日珥光谱的人之一。他与法国天文学家皮埃尔·朱尔·塞萨尔·让森（Pierre Jules César Janssen）同时独立开发出了白天观测太阳日珥的程序，因此无须再等待日食时才能从事测量。基于获得的观察结果，洛克耶注意到，有些太阳光谱线可能会发生位移。从太阳表面高速排出的巨大气体云在分光镜上会产生显著的“多普勒频移”。按照洛克耶的说法，在太阳大气层中，它的外吸收层和炽热的内层之间有一个很薄的区域，被他称为色球层。在色球层中他发现了多普勒效应产生的谱线位移，这表明在太阳大气中存在着速度高达1400千米每秒的垂直电流及300千米每秒的水平或螺旋电流。[7]

1868年，人们首次利用多普勒效应观察到一些亮星光谱发生了红移和紫移。天文学家威廉·哈金斯是个富绅，1856年，他在伦敦郊区的塔尔斯山（Tulse Hill）上建造了一座私人天文台。哈金斯和妻子玛格丽特（Margaret）通过在自家天文台得到的观测结果，计算出了一些天体的相对速度，如天狼星的相对速度约为40千米每秒。不过哈金斯的发现与当时人们所预期的天体速度并不吻合；而在此前不久，耶稣会神父彼得罗·安杰洛·塞基（Pietro Angelo Secchi）在位于巴黎的法国科学院宣布，他曾在恒星光谱中寻找多普勒频移，但结果也是否定的。[8]

后来，人们修正了最初为这些星体测算的径向速度，其中一些修正的前后相差极大，甚至改变了原有的正负属性。哈金斯和

图 8.3　哈金斯的恒星分光镜，该仪器配有两个火石棱镜和一个柱面透镜 A，该透镜可沿着镜筒上的虚线轮廓 TT 上下移动

塞基最先开展了这类修正工作，其他专门研究恒星光谱学的天体物理学家很快也参与进来，如波茨坦天体物理天文台（Potsdam Astrophysikalisches Observatorium）的主管赫尔曼·卡尔·沃格尔（Hermann Carl Vogel）和哈佛大学天文台（Harvard College Observatory）台长爱德华·查尔斯·皮克林（Edward Charles Pickering）。

借助专门设计的光谱仪和改进的干版感光乳胶，纽约的亨利·德雷珀和英国的威廉·哈金斯在 19 世纪 70 年代（波茨坦的沃格尔在 1887 年）已经有能力拍摄到微弱的恒星光谱，使得将恒星相对于地球运行速度的估算精确到了 3 千米每秒左右。1889

年，皮克林和沃格尔各自独立地利用多普勒效应从光谱上发现了双星的存在。这些天体要么会呈现短暂的双谱线，要么表现出周期性的谱线位移，这可能是因为双星系统的行进速度是几百千米每秒，其组成部分会间歇性地接近或远离观察者。到19世纪末，得益于持续的技术改进及卓有成效的募资活动，天体物理学的发展逐渐机构化，出现了许多专门的研究单位，在美国尤其如此。美国天体物理学家乔治·埃勒里·海耳一个人就曾经创立了三个天体物理观测站。[9]

皮克林是最早采用物端棱镜光谱仪的科学家，这项技术是将顶角为5°~15°的薄棱镜放置在物镜之前拍摄恒星。因此，所有恒星图像均被转换成细条纹的光谱，一张照片就可以记录成百上千个恒星光谱。其中，225000多颗恒星的光谱被分类编入《亨利·德雷珀星表》(*Henry Draper Catalogue*，1918年至1924年间，该星表陆续得到发表。截至1941年，另有多达13万颗恒星光谱的星表也得以发表)。这些编目分类工作由一大群女性专家完成，她们虽拿着低廉的工资，但业务精通，被称为“皮克林的娘子军”。

19世纪光谱研究的重点在于通过观测来解读原子及分子光谱的多样性。由于在光谱分析中系统地使用了发射光谱和吸收光谱间的对应关系，人们很快便开发出了各种各样的应用。而要从原子和分子物理学角度解读奇怪的光谱，则需要等到20世纪了。[10]

衍射光栅与精密光谱学

棱镜的折射效果主要取决于其构成材料的化学成分及均匀性，比如玻璃对紫光和紫外光有很高的吸收系数，棱镜的折射率和色散率可能并不均衡一致，而且它们对温度很敏感。而光栅是以光的衍射为基础，波长为 λ 的光波从平行间距为 ε 的光栅中沿衍射角 θ 射出，它们之间具有恒定的相位差，数学表示是 $\sin\theta = n \cdot \lambda / \varepsilon$，其中，$n$ 是较小的整数，称为光谱级数。相比棱镜，衍射光栅的质量主要取决于其栅格的精确性和均等性，而不是其材料构成。光栅的平行栅格通常是用精心挑选的金刚石刻刀在带有金属涂层的玻璃板或金属表面上划刻产生的。如果光栅的线条间距离不均匀，那么光栅表面的衍射角度 θ 会发生变化，导致衍射图像分散不清晰，甚至出现人们所说的重影。在 19 世纪后半叶，光谱学的进步主要归功于这些衍射光栅制造工艺的改进。[11]

表 8.1　19 世纪衍射光栅的发展情况

姓名	年份	仪器（光栅类型）	尺寸（cm）	槽纹数目	ε（cm）
夫琅和费	1821	第一个在镀金玻璃板上刻了槽纹的衍射光栅		3600	0.0048
诺贝特	1851	用金刚石在玻璃上刻划槽纹	约 2.5	约 1000	0.0025
（迪茨海纳）	1864	诺贝特设计的光栅	1.38	3000	0.00046

续表

姓名	年份	仪器 （光栅类型）	尺寸(cm)	槽纹数目	ε(cm)
（埃斯特朗）	1864	诺贝特设计的光栅	约 2	约 4500	0.00046
拉瑟弗德	1868	诺贝特设计的玻璃或金属光栅	约 5	约 20000	0.00025
拉瑟弗德	1881	诺贝特（为门登霍尔）设计的金属光栅	4.4	约 30000	0.00015
罗兰	1896	凹面光栅	约 7.2	约 45000	0.00017
罗兰	1896	凹面光栅	约 14.5	约 110000	0.00015
迈克逊	1907	凹面光栅	22 ×11	约 110000	0.00010
亚科米尼		平面光栅	10 ×12		
亚科米尼		平面光栅	25 ×25		

注：如果名字加了括号，表示这些观测者未亲自制造分光镜，他们所使用的仪器来自其他仪器制造者。光栅尺寸和线间距的单位被转换为厘米。

棱镜光谱和衍射光谱的对比结果表明，衍射光栅的整体色散能力明显更胜一筹，但它们会带来更严重的光损失和像散，因此无法应用于恒星光谱学研究。为解决这个问题，人们在 20 世纪下半叶开发了其他类型的仪器，如折轴光谱仪和阶梯光栅光谱仪。

美国天文学家大卫·里滕豪斯（David Rittenhouse）在 1785 年制造的原始光栅和夫琅和费于 1821 年制造的第一个光栅，都是用长螺丝平行拉伸的细金属丝制成。[12] 后来，夫琅和费率先采用了用金刚石刻刀在镀有一层极薄的金膜或银膜的玻璃表面上刻画平行线的光栅制造技术。这项技术在 19 世纪有了很大改进，逐渐发展出在金属表面上刻划栅格。当然，这类光栅不能用于透射过程，而是用于光反射过程产生的衍射。与镀膜的玻璃表面相比，金属表面产生的反射光强度虽然较低，但这个缺点可以由金属栅格更高的均匀性获得补偿。在所谓的定向光栅中，栅格的槽纹可以做得非常均匀，有利于在实验中选择较大的入射角，使得前一两个衍射级获得绝大部分的光强度。物理学家托马斯·杨（Thomas Young）最先使用了每厘米约含 200 条刻槽的简单衍射光栅测量太阳的波长，并且在 1801 年证明了光的波动性。

德国仪器制造商弗里德里希·阿道夫·诺贝特（Friedrich Adolf Nobert）在光栅的栅格刻划方面取得了巨大成就。他在小板条上刻划槽纹的主要目的是测试显微镜的分辨率。1851 年时，他可以在每毫米板条上刻划 450 条刻槽，到 1873 年时，其光栅的线间距 ε 已经可以做到 0.11 微米。

光栅刻划的早期发展情况与显微镜的发展史密切相关，比如任何光学显微镜都无法分辨诺贝特在 19 世纪 70 年代制造的最精细的测试板。因此，只能用电子显微镜分析这些测试板，电子显微镜能够用来鉴定栅格质量，找出平行线的刻划缺陷。

虽然诺贝特的主要动机不是制造衍射光栅，而是制造测试板来检查显微镜的分辨极限，但从 1850 年起的 20 年里，他一直是高质量精细衍射光栅的主要制造者，直到拉瑟弗德（Rutherfurd）和美国物理学家罗兰相继超越他，成为制造精密测量光栅的主要制造商。比较而言，诺贝特的光栅主要刻划在玻璃表面上，有一定缺陷，而罗兰的光栅则刻划在制镜合金上。

由于光栅的最高分辨率 $\lambda/\Delta\lambda$ 等于总线条数与干涉级标识整数 n 的乘积，而罗兰的光栅精度允许观测第三级甚至第四级光谱，因此他的光栅分辨率高达400000，这在当时被视作精密光谱学在实际操作中能够达到的分辨极限。棱镜光谱仪和较早期的光栅可分辨的光谱间距极限为钠光D双线间距的四十分之一，但罗兰的光栅可以分辨的光谱间距为钠光D双线间距的百分之一。借助罗兰最精密的光栅，他的助手刘易斯·朱厄尔（Lewis Jewell）于1890年左右在太阳光谱中发现了光谱线的红移。这些精密仪器作为光谱学领域仪器革命的成果是如此辉煌，因此爱德华·查尔斯·西里尔·巴利（Edward Charles Cyrill Baly）在自己的手册中将其称为"光谱学史上最伟大的发明之一"。[13]

罗兰于1901年去世，此后，巴尔的摩（Baltimore）仍然是衍射光栅的制造中心。不过，到了20世纪30年代，来自麻省理工学院（MIT）的乔治·哈里森（George Harrison），以及40年代的博士伦（Bausch and Lomb）等衍射光栅制造商相继主导了光栅制作市场。今天，工业化生产的、从精密母板复制到塑料箔或者玻璃上的透射光栅，价格都十分便宜。[14]从天体物理学到分析化学和材料科学，在许多现代科学分支中，包含了棱镜、光谱仪和光栅的光谱学仍然是至关重要的研究手段。

第九章

示意图：科学图像与制表

【夏洛特·比格(Charlotte Bigg)】[1]

夏洛特·比格是法国国家科学研究中心研究员。她曾发表大量关于19—20世纪科学图像和视觉文化的文章，并与人合编《地球上的天堂：19世纪的天文台和天文学》(*The Heavens on Earth: Observatories and Astronomy in the Nineteenth Century*, Duke University Press，2010)等书。

考古学家对古迹的绘图、植物的写实绘画、实验获取的粒子轨迹或脑部扫描照片，这些都是反映全部或部分真实存在的科学图像。针对这些图像所起的作用，会引发以下思考：图像所起的作用是什么？它们的自然表现功能是什么？以及随之引申出来的可视化技术的媒介作用又是什么？由于与艺术史或摄影史等领域相互交织，科学社会学和科学史都围绕图像功能研究取得了大量成果。

此外，其他具有同等重要性，但也许不那么显而易见的科学表现形式还包括表格、二维变量图、示意图、化学式、地图和其他类型的抽象二维表示方式。这些表现形式通常并不被看作是写实图像，因为它们只是为了描绘关系、处理数字或是为了组织、展示和交流信息。事实证明，这些二维表示方式在许多科学事业中发挥着巨大作用，并且被广泛应用在当今所有的科学领域。

根据最基本的定义，可以将这些表现形式描述为二维平面（如纸、黑板、电脑屏幕）上的字母、数字、单词与线条、图形或图像组合的排列。这些内容其实可以用一个最具包容性的词语“示意图”一言以蔽之，“示意图”一词最初的希腊语定义即用线条、几何图形、书面列表、登记表及音阶表现的内容。所以，本章将采用示意图作为一个总的类别表述术语，涵盖所有的抽象二维视觉表现形式。

理论方法

亚里士多德和德勒兹等几位著名学者都曾经研究过示意图，他们的相关作品近来才引起人们的广泛关注，毫无疑问，这个现象与数据可视化及信息设计等新技术的最新发展有关，这些新技术对计算机可视化及模拟在当代科学和普通出版物中的扩散做出了重要贡献。

在研究示意图的理论方法中，符号学方法发挥了十分重要的作用。其中，美国哲学家查尔斯·皮尔斯（Charles Peirce）的研究成果获得了非常高的引用率，他曾经建议区分三种表现符号：图像符号（icon）、指向符号（index）和象征符号（symbol）。简单来说，皮尔斯对这些符号的定义如下：

> 图像符号用写实的方式再现描述对象，比如肖像；
>
> 指向符号用来建立与描述对象的联系，如风向标与风向的关系；
>
> 象征符号根据一些惯例、习俗或规则来指代对象，如单词。
>
> （Peirce 1991a，270）

皮尔斯曾这样简单讨论过示意图:“虽然示意图具有象征性,也具有接近指向性的性质,但它主要还是与其表现对象有各种联系的图像符号。”皮尔斯的评论既准确指出了精确反映示意图与表述对象关系的困难,也强调了示意图的基本特征是对这类关系的描绘。对他来说,示意图是一类描述图像,而且是容易理解的关系图像。

虽然相关学术领域既有致力于研究图像(如艺术史)的,也有努力研究文本和语言(如语言学和文学)的,但很少有人特别关注示意图的特殊性,其实它并不仅仅是文字与图像的简单相加或组合。2003 年,斯蒂芬·博根(Steffen Bogen)和菲利克斯·蒂尔勒曼(Felix Thuürlemann)提出,示意图的最佳属性是能够形成一个动态关系网,通过文字和图画元素的拓扑和几何排列,就能在它们之间建立清晰的联系。因此,示意图概括了出现在其他模式中的信息,因此极具重要性。

我们在这里引用符号学理论的主要目的不在于单纯地讨论表现形式,而在于强调示意图作为思想工具在实践过程中的重要性,这一点对创建和使用示意图的人都很有意义。博根和蒂尔勒曼的研究方向专注于法律、宗教和科学领域使用的中世纪示意图,但他们坚持认为示意图在使用和表现效应方面,必定会与其他学术领域在这方面的研究发展相呼应。

柏林自由大学哲学教授西比勒·克雷默(Sybille Krämer)曾试图重建柏拉图、笛卡尔和维特根斯坦著作中一些哲学思想的示意图,并以此为基础提出了“图线认识论”,她认为:

> 在连接手操作和眼睛观察之间无形张力的驱使下,下笔

> 勾勒便自然成为构建图像的基本行为。符号跳动的平面为思想的流动开辟了一个自由空间，在这个空间中，科学理论跃然纸上，可以自由地得以引申或者修正。它意味着配置和重新配置图形标记的操作实际上也是构建新想法的智力操作。平面铭写符号的留白处成了直觉和思想的调色板。简言之，我们是在纸上进行思考。
>
> （Krämer 2010a，278-9）

克雷默详细分析了示意图的性质及功能。她指出，二维变量图表和线条研究存在哲学史和艺术史之外的很多领域中，如文化史、古人类学、认知语义学和文学。所以她认为，所有这些领域的相关研究成果都有利于图表学的建立和发展。

博根、蒂尔勒曼和克雷默所做的工作是目前非常活跃的示意图研究领域的典范，这项研究发源于德语学术界，处于视觉研究、传媒研究、哲学、艺术史和科学史的交叉点。这个领域的特点是利用不同文化传统、不同语言的众多文献阐述示意图的总体理论，虽然在这些文化领域之外，这方面的研究仍不多见。[2] 另外值得注意的是，除了该研究体系，还存在着其他哲学研究传统，它们主要聚焦于特定类型的示意图，尤其是逻辑和数学哲学中的示意图。

科学史中的示意图

科学史学界对示意图的研究兴趣正在增长中，虽然很多研究往往缺乏理论性。现存有许多针对特定示意图形式的研究，探讨这些示意图形式的发明及其在特定环境中的应用，但这些研究人员之间通常互相缺乏交流。示意图会出现在各种历史环境中，拥有多种形式和功能。一些人认为它们起源于古代，因为相关记录表明，古代和整个中世纪均使用过表格和示意图。其他形式的示意图则是近代的发明，直到19世纪，二维变量图表和化学表达式才出现。有一些示意图不局限于学术环境，如表格或地图；还有一些类型的示意图会与特定的科学密切相关，如化学表达式。此外，各类示意图的历史发展极不均衡，虽然专门研究二维变量图表或表格的项目很少，不过制图史却已经发展成为一个成熟的领域，不仅研究地理地图史，而且建立起了研究相关哲学问题的优良传统。

一般来说，在科学史领域，研究科学实践和科学材料时所使用的方法深刻影响了对特定示意图起源、形式和用途等知识的了解。三十年前，最初专注研究实验室科学的科学史学家认为，必须超越理论去研究日常科学工作、科学仪器、科学实践者、隐性科学知识及具有科学特点的相关事物。他们证明，即使是最抽象的科学，如数学或理论物理学，也会涉及技能、专业知识、思维方式、写作方式和计算方式。

史学家们很快便着手研究科学家们的日常活动，例如科学家如何组织、分类和存储信息，他们不仅研究了与这些实践明显相关的领域，如博物学，也研究了语言学或经济学等领域。一些科学史学家与书籍史学家及媒体史学家联合起来，开始将科学工作作为学术及非学术信息管理技术史中的一个组成部分进行研究。研究档案、文献、书目、摘抄本以及笔记本、剪报或地图集，从而对学术工作的性质有了新的认识。

法国社会学家布鲁诺·拉图尔提出的铭文概念及该概念在科学交流和知识生产中发挥的作用，决定了从这个角度审视和研究示意图的方法。他将铭文定义如下：

> 铭文，通用术语，指所有形式的转换，通过这些转换，一个实体可以被具体化为一个符号、一份档案、一份文件、一页纸或一条线。通常，铭文是二维的，可叠加、可组合，但也并不总是如此。它们总是处于动态之中，也就是说，在保持某些类型关系完整的前提下，允许新的转化和表达。

对拉图尔来说，人类描绘或机器制作的示意图都是一种铭写符号，它是知识生产、流通和稳定化的一个重要步骤。人们通过铭文对自然现象及其观测结果进行管理，使其形成体系。拉图尔认为，科学技术的独特性及其巨大影响不能通过研究某种特定的“合理性”来决定，而要通过具体的实践过程来确定。因此，哲学家们就表现形式展开的辩论不再是研究核心，或者说，这些讨论有了新的内容，重点不再是图像和所表述对象之间的关系，而在于铭写符号的作用以及它们在可流通但不可变异，可展示、可读和可相互组合方面的有效性。

拉图尔的工作为科学实践及非文字成果的研究提供了原动力和认识论依据。同时，它促成了科学界一个被广泛认可的观点，即图像的研究不能脱离了它们的制作、给予读者的感觉和实际用途等背景。从实践和物质文化角度探索科学图像学（包括示意图），意味着将它们与科学仪器和文字的相互作用以及它们所扎根的物质文化，例如欧洲文艺复兴时期的印刷文化，作为思考因素，记住这个特征很重要，因为它是科学史上大多数图表研究的共同点。本章的剩余部分将讨论不同类型的示意图在科学发展过程中发挥的重要作用。

书面研究工具

“书面研究工具”是德国化学史学家乌尔苏拉·克莱因（Ursula Klein）在研究19世纪早期现代实验室化学的出现时提出的概念，更具体地说，她是在解释“贝尔塞柳斯化学式”（Berzelian chemical formulas）时提出了这一术语，目的是解释化学符号与化学实验二元世界之间的相互作用。通过与科学仪器和其他实验室工具做对比，克莱因将书面研究工具定义为“一个分析类别，用于将历史分析及对历史的重新理解聚焦于铭文、模型、概念和理论发展的表现、文化影响及物质影响等方面”。为此，克莱因整合了理论实践研究与符号学的观点，尤其是哲学家纳尔逊·古德曼（Nelson Goodman）和电影理论家鲁道夫·阿恩海姆的成果。

克莱因认为“贝尔塞柳斯化学式”是“图像符号”，特别适用于表现化学构成，并有助于将化学构成具体化，成为化学模型的基本物质组分。这是一个动态过程，化学家不只将“贝尔塞柳斯化学式”用作表达和说明已有知识的媒介，还将其视作发展化学构成理论或艾伦·罗克（Alan Rocke）所称的“化学原子论”的书面研究工具，也用其生成有机化学中的化学模型和分类体系。她坚持认为，书面研究工具促生了与之相关的新目标、新对象、新铭写符号和新概念。

克莱因认为，“贝尔塞柳斯化学式”的图表暗示性和机动性是它成为书面研究工具的一个重要物质前提。科学史学家戴维·恺撒（David Kaiser）在研究美国战后物理学的书面研究工具时抓住了这个特征，他强调了“费曼图”（Feynman diagrams）的可塑性，因为越来越多的学术机构在教授、借用和改编“费曼图”。恺撒参考了人类学家克劳德·莱维-施特劳斯（Claude Levi-Strauss）的工具使用概念，强调了这些种类铭文的易变性、可塑性和意义多重性：

> 对一些人来说，示意图与物理过程的图解具有相同的功能，它们似乎捕捉到了微观世界的运动机制。而对另外一些人来说，示意图只是记忆辅助工具，帮助我们阅读和记忆一长串复杂的数学表述，也即不会把它们与现实世界中的东西混为一谈。还有一些人则把示意图开发成一种新的图解推理工具，示意图的结构或拓扑特征有助于研究相关数学表达应遵循的各种对称性。在大多数情况下，示意图的这些不同角色会在实践中互相混合。
>
> （Kaiser 2005，21）

通过深入研究“费曼图”的详细发展和传播过程，恺撒指出，随着时间的推移，在不断扩散的过程中，“费曼图”被应用于各个领域，得到繁荣发展。他还强调了示意图在物理教学中的重要性，这一见解也被延伸到了其他领域，如18世纪时苏格兰的化学领域和20世纪60年代的广义相对论。

有关书面工具的研究工作成果表明，示意图与第十章讨论的三维模型一样，或者和三维模型协同使用，具有启发、说明和解惑的功能。基于这个特点，这两类工具已经成为增长中的、以视觉形式表达、交流和传授知识的工作形式的一部分。在史学中受到关注的不仅是这些视觉形式表现了哪些内容，以及通过何种方式表现等问题，而且这些视觉形式的出现、传播以及如何得到不同公众理解的社会环境和背景也是研究的焦点。自古代起，示意图帮助记忆的功能和教学价值便得到了认可。从古希腊和古罗马时代到现代早期及之后的岁月里，示意图还将实践与学术知识连为一体，而且明确反映了各行业相关人士之间的互动，这些人包括数学家、测量员、航海家、仪器制造商、制图人和印刷商。

地　图

虽然书面研究工具是历史学家近来才提出的一个研究分支，但一些其他类型的示意图已经有了很悠久的历史，早已成为历史学中的研究内容，比如地图。研究制图学的历史学家认为，地图无疑是人类最古老的交流方式之一，人们通过考古学或书面记录了解到的大多数文明的生活、思想体系和想象都深受地图文化的影响。地图的存在证据遍布世界各地，且可以追溯到史前时代。

在现代地图出现之前，地图可能被应用于宇宙学、意识形态、宗教或符号学等领域，而且可能并没有把地理空间作为描述对象。而认为地图主要是疆域的表现形式的想法是过去几个世纪科学和地理学兴起过程中的产物。

因此，地图以及将其引申后的示意图，与科学史的关系主要有两种。它们是考古学、人类学、历史学以及新出现的认知科学从业者的研究对象。如果探究科学地图在历史上是如何出现的，毫无疑问，它的出现势必与科学和技术理想、社会实践和相关机构的出现有直接关联。地理学家约翰·布莱恩·哈利（John Brian Harley）指出："直到欧洲文艺复兴时期，地图才成为世界许多地区的日常物品，而到 17 世纪，地图的应用出现了一定程度的窄化……开始成为地理、地面测量和制图的辅助工具。"在启蒙运动时期，测绘实践反映了自然研究人员越来越重视测量和精度。从 19 世纪中叶开始，随着地理学的出现及相关研究机构的建立，地图绘制进入了新时代。其他科学地图的发展状况也是如此，关于地质学中"视觉语言"的兴起，英国地质学家马丁·路德维克（Martin Rudwick）的研究十分经典，他指出："地质图的发展不仅与强调自我意识的新科学的发展同步进行，事实上，它是新科学发展的重要组成部分。"

地图绘制同样会受到其他因素的深刻影响，如印刷文化和导航技术的发展，此外，自文艺复兴以来，欧洲人在全球范围内从事的探险、商业及殖民活动都对地图制作产生了极其重要的影响。这个结论再次指向了示意图的表意功能：它们不仅能展示并传达某种特定形式的知识，而且还有实践及意识形态方面的意义。制图学历史学家早已意识到地图绘制中的政治因素，地图绘制史也不可避免地留下欧洲民族主义和帝国主义的痕迹。另外，示意图虽然看起来抽象且充满技术性，但这并不妨碍它们承载特定的价值观和政治动机（有时候甚至更适合用来达到这个目的），也不妨碍它们在各项事业中有改变科学和社会的功能，比如经济学中的各类图表。

表　格

表格是数字、文字或其他符号的平面排列形式，通常以行和列的形式出现，但也并不总是如此，行列元素之间有一定的对应关系。它们和地图一样历史悠久且无处不在。最早的表格是在苏美尔（Sumer）石碑上发现的，在大多数已知文化中都存在表格的使用。表格的使用功能包括：排列和展示信息（定量的或定性的、文字的或数字的）、表示数学函数，也可以辅助计算，如对数表。虽然长期以来，天文学家、数学家和精算师一直被视为表格制作专家，但表格的使用范围其实很广泛，包括店主、商人、航海家、农民等普通大众。在历史上的几个世纪中，几乎每个家庭都拥有星历表。自 19 世纪起，表格已成为工业、工程和军事领域（如弹道学）的重要工具。

虽然关于科学史和技术史的各种出版物都包含了表格，但表格本身在近期才成为历史研究的焦点。关于科学表格发展历史的比较研究或概述仍然很少见，因此当前给出的任何概括性结论都是尝试性的。牛津大学的坎贝尔-凯里、马丁·克劳根、弗拉德和拉布森等人在近期出版的一部著作中首次尝试将表格的历史分为四个跨度很大的时期：

从公元前 2500 年左右到公元 150 年，表格概念诞生，为

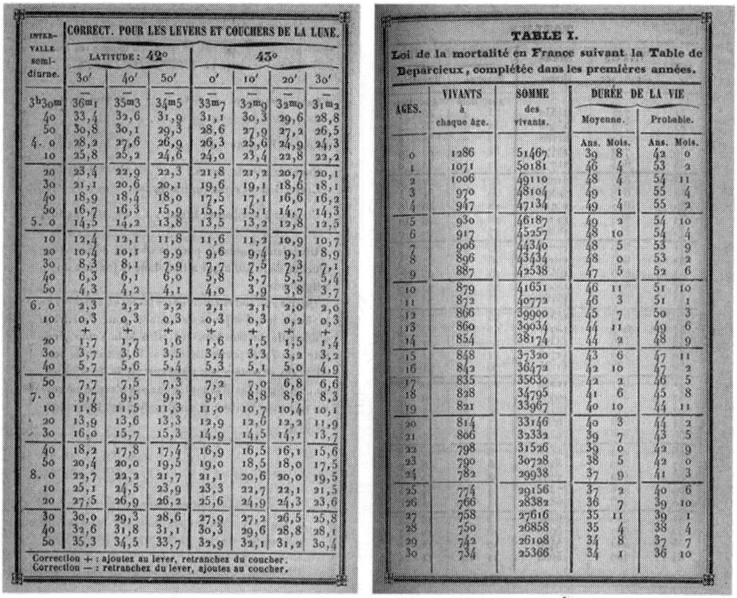

INTERVALLE semi-diurne.	CORRECT. POUR LES LEVERS ET COUCHERS DE LA LUNE. LATITUDE : 42°			43°			
	30′	40′	50′	0′	10′	20′	30′
	—	—	—	—	—	—	—
3h30m	36m1	35m3	34m5	33m7	32m9	32m0	31m2
40	33,4	32,6	31,9	31,1	30,3	29,6	28,8
50	30,8	30,1	29,3	28,6	27,9	27,2	26,5
4. 0	28,2	27,6	26,9	26,3	25,6	24,9	24,3
10	25,8	25,2	24,6	24,0	23,4	22,8	22,2
20	23,4	22,9	22,3	21,8	21,2	20,7	20,1
30	21,1	20,6	20,1	19,6	19,1	18,6	18,1
40	18,9	18,4	18,0	17,5	17,1	16,6	16,2
50	16,7	16,3	15,9	15,5	15,1	14,7	14,3
5. 0	14,5	14,2	13,8	13,5	13,2	12,8	12,5
10	12,4	12,1	11,8	11,6	11,2	10,9	10,7
20	10,4	10,1	9,9	9,6	9,4	9,1	8,9
30	8,3	8,1	7,9	7,7	7,5	7,3	7,1
40	6,3	6,1	6,0	5,8	5,7	5,5	5,4
50	4,3	4,2	4,1	4,0	3,9	3,8	3,7
6. 0	2,3	2,2	2,2	2,1	2,1	2,0	2,0
10	0,3	0,3	0,3	0,3	0,3	0,2	0,3
	+	+	+	+	+	+	+
20	1,7	1,7	1,6	1,6	1,5	1,5	1,4
30	3,7	3,6	3,5	3,4	3.3	3,2	3,2
40	5,7	5,6	5,4	5,3	5,1	5,0	4,9
50	7,7	7,5	7,3	7,2	7,0	6,8	6,6
7. 0	9,7	9,5	9,3	9,1	8,8	8,6	8,3
10	11,8	11,5	11,3	11,0	10,7	10,4	10,1
20	13,9	13,6	13,3	12,9	12,6	12,2	11,9
30	16,0	15,7	15,3	14,9	14,5	14,1	13,7
40	18,2	17,8	17,4	16,9	16,5	16,1	15,6
50	20,4	20,0	19,5	19,0	18,5	18,0	17,5
8. 0	22,7	22,2	21,7	21,1	20,6	20,0	19,5
10	25,1	24,5	23,9	23,3	22,7	22,1	21,5
20	27,5	26,9	26,2	25,6	24,9	24,3	23,6
30	30,0	29,3	28,6	27,9	27,2	26,5	25,8
40	32,6	31,8	31,1	30,3	29,6	28,8	28,1
50	35,3	34,5	33,7	32,9	32,1	31,2	30,4

Correction + : ajoutez au lever, retranchez du coucher.
Correction — : retranchez du lever, ajoutez au coucher.

a

TABLE I.

Loi de la mortalité en France suivant la Table de Deparcieux, complétée dans les premières années.

AGES.	VIVANTS à chaque âge.	SOMME des vivants.	DURÉE DE LA VIE Moyenne.		Probable.	
			Ans.	Mois.	Ans.	Mois.
0	1286	51467	39	8	42	0
1	1071	50181	46	4	53	2
2	1006	49110	48	4	54	11
3	970	48104	49	1	55	4
4	947	47134	49	4	55	2
5	930	46187	49	2	54	10
6	917	45257	48	10	54	4
7	906	44340	48	5	53	9
8	896	43434	48	0	53	2
9	887	42538	47	5	52	6
10	879	41651	46	11	51	10
11	872	40772	46	3	51	1
12	866	39900	45	7	50	3
13	860	39034	44	11	49	6
14	854	38174	44	2	48	9
15	848	37320	43	6	47	11
16	842	36472	42	10	47	2
17	835	35630	42	2	46	5
18	828	34795	41	6	45	8
19	821	33967	40	10	44	11
20	814	33146	40	3	44	2
21	806	32332	39	7	43	5
22	798	31526	39	0	42	9
23	790	30728	38	5	42	0
24	782	29938	37	9	41	3
25	774	29156	37	2	40	6
26	766	28382	36	7	39	10
27	758	27616	35	11	39	1
28	750	26858	35	4	38	4
29	742	26108	34	8	37	7
30	734	25366	34	1	36	10

b

图 9.1　巴黎的一份用于校正月球升起和降落时间的表格，以及一份法国死亡率的表格。专家们结合观测、推测和计算制作出这些表格，它们有助于进一步的计算工作。（Bureau des Longitudes）

了实现多种用途，人们根据其概念设计了各种形式的表格。接下来的一千五百年为第二个阶段，天文学和三角学中的表格取得一些重要成就，成为人类智慧的见证。第三个时期为17 世纪初到 19 世纪中叶，该时期是使用对数表的全盛时期，在此期间，对数表成为满足工业革命计算需求的基础。19 世纪中叶至今为第四个时期，由于物理、数学、工业及经济的大量需求，更加复杂精致的表格应运而生，与此同时，有助于表格计算的技术也得到了发展。表格的历史并未就此

> 结束，因为计算机电子表格及动态表格的发展表明，在计算机二维表格中呈现深层信息的想法仍然具有极强的生命力。
>
> （Campbell-Kelly，Croaken，Flood，and Robson 2003，2）

目前，鉴于史学界正在对包括非西方文化在内的更广泛文化中表格的使用情况进行研究，上述表格编年史的划分势必会被重新评估和完善。值得注意的是，史学界不仅对表格制作和使用过程中的技术越来越感兴趣，而且也愈发关注它们的社会经济背景，诸如表格在劳动力重组中的作用，它们与机器设备之间的相互作用，以及如何通过表格反映社会关系。例如，表格和其他形式绘图的使用是 18 世纪天文学家和海军军官之间发生争执的一个焦点，因为他们需要据此确定水手需要哪些数学训练才能具备确定船只经度的能力。1820 年，为改进“天文簿记”（astronomical book-keeping），英国的会计师和科学家们成立了天文学会（Astronomical Society）。从这方面的研究可以看出，不同群体的实践者在科学和非科学事业中会相互交流，也提升了特定图解实践通常所需的道德和社会价值。

二维变量图

与化学式一样，二维变量图也是不久前的发明，事实上二维变量图很可能和化学领域的可视化工具有关，因为二维变量图的英文单词“graph”是数学家詹姆斯·约瑟夫·西尔维斯特（James Joseph Sylvester）于 1878 年创造的，目的在于描述看起来有点像分子化学键的一些数学示意图。如果按现代意义将二维变量图理解为两个坐标之间的数据关系图，那么它的起源可追溯到18世纪下半叶，与当时的制图创新热潮紧密相关，如英国建筑师詹姆斯·普莱费尔（James Playfair）的统计地图册，发明家詹姆斯·瓦特（James Watt）的压强和气缸容积关系图，以及物理学家约翰·海因里希·兰伯特（Johann Heinrich Lambert）用来表示温度随时间变化的曲线图。后来，法国军事及土木工程师在二维变量图的技术发展中扮演了相当重要的角色。在整个19世纪，二维变量图获得了广泛的应用，部分原因是这类示意图成为许多科学领域应对大量数据处理的有效手段之一。所以，二维变量图的历史其实与统计学的历史有很密切的关系。和化学式、现代表格、科学地图一起，二维变量图的传播和19世纪自然科学与工程的机构化紧密相关，这些现代示意图能够表现精确的图像，具有很强的严谨性和准确性。

二维变量图成功的主要原因是其多功能性。我们上面提到的普莱费尔的灵感或许来自他的兄长——数学家兼地质学家约翰·普莱费尔（John Playfair）开创的视觉表现形式以及瓦特的示意图。而亚历山大·冯·洪堡发明的等温线很大程度上应该归功于普莱费尔和法国的工程传统。二维变量图很早就被认为是适用于各种研究对象的得力工具，19世纪后期出现的商业坐标纸则是这个观念物质化的具体体现。

二维变量图的可塑性明确反映在它们不同的应用功能上，从一开始它们便用于表示数学函数、辅助计算、显示系列测量结果、弥补系统观测中的误差，而且还可以是自动记录仪器生成的、随时间移动的轨迹。虽然在大多情况下，这些功能之间存在

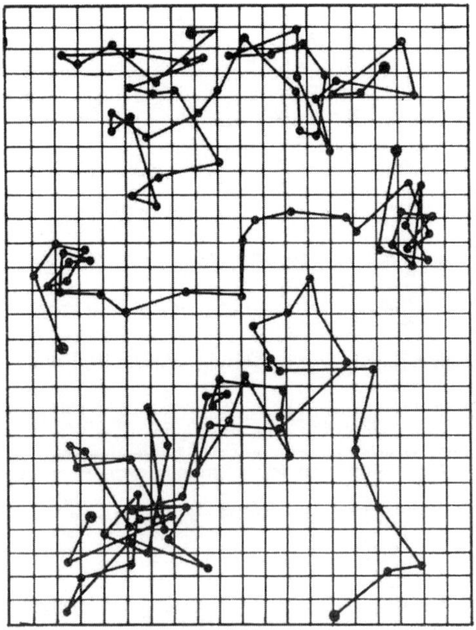

图 9.2　三个粒子的位移测量：佩兰使用了投影描绘器，他每隔一定时间便标记出每个粒子的位置，并用直线将各点连接起来。（Perrin 1909，81）

差别，但有时候它们也会发生合并或重叠。法国物理学家让·佩兰（Jean Perrin）采用图示的方法解释了微观粒子布朗运动的测量结果，该图反映了他的观测技术（定时标记单个粒子的位置），同时也用视觉化形式演示了爱因斯坦提出的新测量方法（均方位移）。这个可视化模式其实和计时摄影异曲同工，只不过它是借助显微镜观察，用纸笔绘制而成。

结束语

如同“费曼图”一样，示意图的进化也是从开始的“助记手段”演变成“模仿手段”，然后又重新具备了帮助记忆的功能。实验数据可以变成数学曲线；地图或化学式可直观显示数据或外推数据，建立数据模型；示意图可以用作实验证据，或者过程的模拟曲线。同样的数据也可以用不同的作图方法表示，比如，当二维变量图不再以类似“摄影”的方式捕捉现实，而将其视为发现新现象的有效手段时，就可以取代表格，为经济学家所用。由于示意图具有多样性和抽象程度不同的特性，也有可能会成为争议热点，例如19世纪化学家和物理学家就原子的存在问题展开的争论和战后在电子学领域围绕晶体管性质展开的讨论，都涉及示意图中产生的歧义。另外，示意图可以摆脱局部制作条件的限制，扩大流通范围，成为广泛适用的标准化工具。

示意图模糊了现实表现形式与抽象表现形式之间的明显区别。它们的形式和功能具有多样性和灵活性，使得科学图像理论更加复杂。为发展和拓宽示意图的历史研究，人们提出了各种研究方向，其中一个方向是关注其可塑性，并像人类学家蒂姆·英戈尔德（Tim Ingold）描述的那样，将示意图回置于领域更为宽广的“线条”历史中，这个范围涵盖任意线条、特定曲线、运行轨迹和歌曲曲谱，强调它们相互转化、超越物质媒介及改变表意内涵的能力，从而将实际的空间和时间关联以及它们的二维表现形式作为历史资料。

另一个重要的研究方向是计算机化及其对图解实践和科学史的多层影响。数据存储及成像技术改变了许多科学技术领域的实践和社会组织，也改变了我们对图像（尤其是示意图）的地位和功能的理解。因为对发展视觉思维、利用数据可视化及信息图形显示各种应用结果的呼声越来越高，研究者会在这些发展的历史研究中获得深深的满足感。

第十章

三维模型

【约舒亚·纳尔(Joshua Nall) & 利巴·陶布(Liba Taub)】
约舒亚·纳尔是剑桥大学科学史与科学哲学史系惠普尔科学史博物馆现代科学馆馆长，主要研究 1800 年后物理科学的大众传媒和物质文化。利巴·陶布是剑桥大学惠普尔科学史博物馆馆长，也是科学史和科学哲学专业教授，主要研究科学物质文化和希腊化时期罗马的科学。

我现在正忙于研究土星……重新建立和塑造土星模型，但显然还有更多的事情要做，因为我希望回归数学家本色，把事情做得更加通俗易懂。

——詹姆斯·克拉克·麦克斯韦（James Clerk Maxwell）于1857年11月14日写给德鲁普的信

引 言

土星环这一物理现象的解析像是在解决一个典型的抽象数学问题。詹姆斯·克拉克·麦克斯韦于1856年提出的关于环结构和稳定性的论证被认为是数学分析的典范。但麦克斯韦意识到，要使他的成果被大众理解和接受，他需要的不只是数学公式，还需要一个物理模型。

图 10.1 仪器制造商查尔斯·拉梅奇（Charles Ramage）为麦克斯韦制作的模型，用以解释土星周围卫星环中产生的波动。麦克斯韦写信给一位朋友说，设计这个模型的目的是“启发那些聪明的图像推崇者”。（Cavendish Laboratory，Department of Physics，University of Cambridge）

三维模型从古代开始便用来帮助理解和解释自然现象。公元前 4 世纪柏拉图在其著作《蒂迈欧篇》中认为，如果没有模型，便无法描述行星的运动。他所提及的模型很可能是浑仪。本章将讨论用于研究、教学、演示和娱乐等各种目的的三维科学及数学模型，尤其是 1700 年之后的情况。“模型”一词对科学史学家和科学哲学家而言，涵盖范围十分广泛，但本章只关注可充当科学史原始资料的三维模型。我们将在研究环境中把它们作为可面向不同受众的写实模具、大规模生产的教学设备或自然的表现形式来讨论。

三维模型是一个尚未得到充分研究的课题。剑桥大学的惠普尔科学史博物馆拥有制作、使用和研究科学及数学模型的悠久传统，并收藏了一批十分著名的科学仪器和模型。作为管理这些仪器和模型的科学史学家，能够撰写这一章节，我们深感荣幸。因为有机会接触各种各样的三维模型，加之历史系和科学哲学系几代研究生在这方面所取得的成果，使得我们有机会在这里选择一些典型范例去解释被普遍接受的观点。当然，要想完全了解科学模型，除了阅读相关知识，更重要的是实际考察和使用模型。[1]

科学研究中使用的模型

从实验室到公共展览会，科学实践及传播的每一个环节都会用到模型。模型不仅可以展示科学成果，它也常常是研究工作的一个主要部分。模型可以帮助科学家对问题进行透彻的思考，而且作为科学探索、实验和推测新科学结论的工具用途广泛。最重要的是，对于单纯使用解析方法无法获得的结果，科学家们常常可以通过模型有所斩获。

将模型应用在数学特别是拓扑学领域的效果尤为显著，19 世纪中叶以后的从业者面临如何解析三维表面数学问题的挑战。从流传下来的许多历史文物看得出，数学家曾经在他们的日常科学实践中使用羊毛、细绳、木头和黄铜构建物理模型。苏格兰化学家兼数学家亚历山大·克拉姆·布朗（Alexander Crum Brown）的数学编织模型便是一个典型例证，这些模型被妥善地保存下来，成为英国科学收藏中具有历史意义的一部分。克拉姆·布朗最著名的贡献是引入了现在人们熟知的有机分子图形表示法，即用连线将分子中的原子按照设定的分子结构位置串接起来。这种抽象化学建模实践与他所感兴趣的数学“纽结理论”有很大关系。在思考地形学问题时，克拉姆·布朗使用了物理建模，制作了许多相交平面的模型。布朗着重解释了这些编织物是如何帮助他透过平面进行深入思考，进而提炼出抽象的数学表达式的。物理模型尽管无法成为我们推理对象的准确表现形式，但却有助于激发和引导想象力。如果模型能够帮助我们在脑海里准确地再现研究对象，并据此做出正确的推理，那么它们便起到了应有的作用。虽然科学史学家熟知有机化学家会利用书面图表做各种公式推导和分析，但克拉姆·布朗编织的复杂表面模型演示了三维模型可以用来探索过于复杂、无法用文字、图表或公式表示的非物质研究对象。

作为连接非物质和物质的物理表现形式，模型在理论和实验的相互作用中发挥了重要作用。在研究水轮机的效率时，英国工程师约翰·斯米顿（John Smeaton）发现，如果仅仅采用理论分析水与轮子间的复杂运动，难以根据获得的结果设计出最佳方案。于是他按比例建造了一个实验模型，并在此基础上开发了一个用于设计的试验台。这个模型生动地展示了斯米顿对复杂力学的掌握程度，同时也为自己造价昂贵的工程打下了获取赞助的基础。工程史中有些物理参数的复杂性甚至超过了现代计算技术的能力范围，所以类似的工作模型在工程应用上十分普遍。

如果反复用模型进行试验，得到的结果将不仅仅是数据。通过在科学工作中引入触觉元素，还可以帮助训练科学家的动手能力，所以模型是实验室和天文台培训系统中的重要组成部分。

1874年，英国委托格林尼治皇家天文台负责观测“金星凌日”现象，相当可观的国家开支及荣誉都取决于工作人员能否在要求严格且不可重复的条件下对凌日现象进行精确测量。根据当时的报道，如同军队在实战前作军事演习，皇家天文学家们先用金属、木材、发条装置和镜子建造了一个人造金星模型，用来培训众多将被派往全球各地观察站的观测人员。他们在格林尼治天文台的草坪上使用了这个模型，在提升了观测人员技能的同时，还收集到凌日现象发生之前的相关天文信息。这些信息十分宝贵，是用其他手段难以获取的。

模型在化学领域里的应用已经有了许多研究成果。化学家日常工作中使用的模型可以帮助他们思考那些有赖于理解分子结构及形状的问题。正如埃里克·弗朗克尔（Eric Francoeur）所指出的，人们可以在化学实验室中看到各种类型的原子模型，这反映了化学家在探索化学结构时要面对各种各样的需求和目标。与数学模型一样，分子模型体现了空间关系，提供了可以自由操纵和辅助思考的类比。作为可制作和重新制作的对象，此类模型拓展了人们对“思考”的认识，成为戴维斯·贝尔德（Davis Baird）所说的“物质知识”的一部分。这种成果对化学实践产生了深远影响，虽然化学建模已经转向了数字领域，但新的计算机技术依然借鉴了早期物理建模的做法。

在化学家尝试发展三维化学结构理论伊始，化学模型就已经被当作研究工具了。正如克里斯托夫·迈内尔（Christoph Meinel）所论证的，对于奥古斯特·凯库勒（August Kekulé）和雅各布斯·亨里克斯·范特霍夫（Jacobus Henricus van’t Hoff）等化学家来说，自19世纪70年代以来，在新的物质空间概念得到更广泛接受的过程中，物理建模起到了核心作用。纸板模型和圆球—连杆模型既不是抽象化学理论的产物，也不是其派生物，相反，它们是一个新兴研究流派的重要组成部分，协助创造了一个象征和示意空间，将理论概念、实体行为、文化价值甚至专业主张以令人信服的方式尽收其中。

20 世纪时，用木头、金属及后来的塑料制成的模型套件已经成为实验室的特色配置，对形成生物化学和分子生物学的结构性思维具有重要影响。面对解释复杂晶体学数据的挑战，加上越来越多的从业者认可分子是原子的三维排列组合，分子化学家和生物学家开发了更复杂的新方法为他们所研究的结构建立物理模型。从 20 世纪 30 年代开始，加州理工学院的莱纳斯·鲍林（Linus Pauling）和他的同事们在蛋白质结构方面的开创性工作，与他们设计和生产的新型“空间填充”模型系统可谓相互关联，齐头并进。基于键角和原子半径结构数据建立的、以科里、鲍林和科尔通三人名字的首字母命名的 CPK 模型表现出了分子的拓扑结构，可用于在大型复杂结构中测试空间关系和空间位阻。正如苏拉娅·德·查达里维安（Soraya de Chadarevian）所指出的，这种化学架构方法塑造了晶体学家谈论和思考分子的方式。而当马克斯·佩鲁茨（Max Perutz）制作出血红蛋白的结构模型时，他解释道：“这其实就是血红蛋白真实的样子。”詹姆斯·沃森（James Watson）和弗朗西斯·克里克（Francis Crick）在关于脱氧核糖核酸（简称 DNA）双螺旋结构的经典描述中也概括地谈到了这种工作方式。在沃森本人的探索过程中，他充分利用了鲍林的模型成果：“我们没有理由不以同样的方式解决 DNA 问题，不是用铅笔和纸，而是用一组表面看起来像是学龄前儿童玩具的分子模型。”沃森的叙述已经说明了三维模型在研究中的重要性。作为物理工具，它们为科学家解决复杂问题提供了物质空间，而这些问题都难以通过传统的书面和计算机分析技术予以解决。

演示模型

在多数情况下，模型实际上并不仅仅是研究工具，它们还可以作为表现媒介，用于各种宣传、推广、介绍、庆祝和评论的场合。因此，模型是实验室与更广泛意义下的科学环境及文化环境共享的表现形式。通过模型创建者与使用者或者观众之间的互动和交流，模型的意义和权威性会得到不断调整。模型在研究领域中的应用总能明确地表现出这样的意义和权威，但如果仔细分析模型的表现作用，这个结论就显得不那么直截了当了。

DNA 就是一个典型范例。沃森的工作被认为是基于前人成就的理性重组，从鲍林等人的 CPK 模型到沃森和克里克“把玩”的 DNA 模拟金属主链及纸板碱基模型，这条研究轨迹吸引人们对他们工作中一些特定方面予以关注，但同时也掩盖了许多其他方面。正如罗伯特·巴德（Robert Bud）所说，安东尼·巴林顿·布朗（Anthony Barrington Brown）为 DNA 拍摄的标志性照片中那个金属模型是在确定了 DNA 结构之后才构建的。该模型规模庞大，可以放在科学家身旁供拍照用。所以这个模型已经成为一种表现形式，体现了对“生命奥秘”的唯物主义解释。在被创建的那一刻，这个模型就已经具备了公开、严谨的科学价值。

正如麦克斯韦所理解的那样，模型的表现力部分源于它们能够展示复杂的物理现象，否则的话，这些现象只能通过数学公式或示意图来理解。像“土星环”这样的模型就是通过有形方式提升新科学主张的可信度和易理解程度，起到了知识媒介的作用。麦克斯韦不仅是“例证实验”的大力支持者，并且倡导将深奥的动力学理论解释成为未受过高等数学培训的人也能理解的内容。因此，他的工作方式体现了维多利亚时代的物理学、仪器制造者及物理模型技术之间的重要关联。麦克斯韦一生都热衷于用玩具和游戏表现物理知识，他用旋转陀螺做模型研究和地球运转相关的问题，并声称“没有什么能够比一个达到平衡态的旋转陀螺更完美地解释天体的运动”。这个结论得到了大量生产的精密陀螺的证实，与查尔斯·拉梅奇制作的“土星环”模型一样，这些陀螺有的用于麦克斯韦自己的授课或讲座中，有的赠送给其刚体动力学的同僚们，或分发到了学生手中。

于是，向各行各业的使用者发放模型这件事本身就已经把三维模型推到了表征媒介的位置上。不过，了解各界人士对模型的反应却是一项不小的挑战。模型制作者试图表达的想法有时候并不一定能够很容易地传递给使用者，尤其是与印刷品这种传统知识媒介相比尤为如此。模型给予人的直官感受显然是发挥其媒介作用的理想机制，但结果却可能不尽如人意。模型虽然会被用作授课或实验教学的工具，有时候也会做到十分普及，但在数量上还是难以与印刷出版物相匹敌。

因此，许多模型制造商都利用博物馆扩大受众面，但即便如此，这些模型的物理特性还是会影响受众的规模和类别。由于这些限制，许多原本可以直接从模型了解的知识，或者可以从历史上的模型复原的知识，在大多数情况下还是以印刷品、图表或照片的方式传授给大众的。近来，虽然电视和计算机技术进一步强化了这方面的功能，但它们也各自面临着一些挑战和问题。比如照片只能显示复杂模型的一个侧面，而插图和复杂的文字描述有时候很难使抽象概念具体化。晶体学家劳伦斯·布拉格（Lawrence Bragg）在总结通过文献发表复杂分子结构所面临的问题时，一针见血地指出：发给同事的论文其实本应该是一个模型。发送实体模型替代论文当然不太可能，所以科学家只能退而求其次，用不太令人满意的解决方案来描述模型及其工作原理。在论文《论土星环运动的稳定性》中，麦克斯韦用三页的篇幅详细描述了“土星环”模型，同时他还使用了一系列示意图。麦克斯韦在阐述其模型的优越性时指出：“通过观察模型中象牙球的实际运动，较之面对插图沉思，我们更容易对土星周围不连续环的粒子运动建立起清晰独特的概念。”

此外，当模型的使用扩展到实验室或博物馆等环境之外以后，对这些模型的书面解释更加多样。比如，自 DNA 双螺旋模型开始家喻户晓，对它的解释以及各界人士对其含义的理解变得五花八门、复杂多样。虽然国际生物化学家联盟（International Union of Biochemists）等专业团体可以为书面表述复杂模型结构建立一些标准，但往往很难控制通过各种传播媒介所进行的介绍。例如，日本地质学家关谷清景（Seikei Sekiya）建造的复杂模型，表现了 1887 年地震时地球内部物质所做的理想运动，在英国和日本大众中获得的理解明显不同。在关谷的模型中，地震数据的表示刻意回避了通常使用的二维图（地震图），转而利用复杂的弯曲金属丝阵列演示地震运动的复杂性和不规则性。为提高日本地震学的学术地位，关谷在日本帝国大学（Imperial University）主办的、主要面向西方读者的《科学院学报》（*Journal of the College of Science*）上发表了一篇英文文章，称他的模型是一个“漂亮且有教育功能的日本古玩”。然而，英国著名的《自然》杂志在向自己的读者介绍这个模型的时候，却完全抹杀了模型所提供数据的科学意义，将该模型描述为“适合个人、尤其是博物馆馆长和其他对新奇的科学事物感兴趣的人”收购的作品。《自然》的潜台词是关谷的模型并不适合学术研究，但适合作为博物馆的展品。这件事反映出科学模型所承担的公共角色在娱乐和教育之间、美学欣赏与实用价值之间的复杂地位。当科学模型突破实验室的限制，进入公共领域后，便获得了更广阔的解释空间，这个事实为相关从业者带来了机遇，但也提出了挑战。

模型与受众

在西方，至少自启蒙运动开始，科学模型是用来向大众演示自然哲学研究内容的工具之一。正如西蒙·沙弗指出的那样，在18世纪新兴的企业文化中，为付费观众、皇室成员和知识阶层演示精心设计、效果良好的科学模型提高了“科学人”的权威和地位。避雷针就是一个典型的例子。在18世纪70年代，针对避雷针的正确设计和使用曾经引发过激烈的争论。从军火库等国家基础设施的实际防护措施，到大气电现象的哲学解释和利用等方面的荣誉之争都是当时的热点话题。本杰明·富兰克林（Benjamin Franklin）提出了装置在高处，上端是尖头、下端接地的避雷针设计，他的支持者们利用设计巧妙的模拟建筑进一步推广了这种设计。这个模型建筑在遭到电击的时候会轰然倒塌，但如果连接一根接地的金属杆作为保护，便会在遭到电击时毫发无损。但富兰克林的设计受到了英国画家兼电工本杰明·威尔逊（Benjamin Wilson）的质疑，理由是它的尖端会从经过的云层中吸引电荷，这十分危险。威尔逊强调，小规模的电学实验与现实世界的气象之间存在脱节。他随后提出了自己的模型，指出采用球形避雷针才是保护英国珀弗利特（Purfleet）军火库的最安全设计。在皇室的支持下，1777 年，威尔逊在伦敦万神殿展示了一个比例为 1：36 的军火库模型，还有许多可以模拟放电的巨大模型云，供付费的观众参观。不过皇家学会中的一些反对者认为这只是艺术表演，而且因为有皇室背景，所以缺乏中立性。

这类演示凸显了自然哲学及其后的科学事业所面临的重要问题。模型演示虽然吸引了众多观众，但自然哲学家的科学实践却因此很容易被指责为仅仅是为了哗众取宠。另外，展示不可见的自然现象也不大容易通过公共表演来完成。而且，贸易和工业领域中的政治因素也会导致某些自然哲学主张与商业追求发生冲突。这一点在事关天文模型的情况下尤为显著，在 18、19 世纪，天文模型是科学仪器制造商最重要的商业输出之一。为了证明“以太阳为中心”的宇宙观，“哥白尼浑仪”和“太阳系仪”等装置被当作各种演示场合中的教具，从私人会客厅到公共演讲厅，不一而足。本杰明·马丁（Benjamin Martin）等“科学企业家”不仅出售太阳系仪，还用它们辅助演讲，并撰文介绍这些设备。不过除了可以粗略地演示“日心说”，这些设备的其他用途和价值都备受质疑。英国化学家约瑟夫·普里斯特利（Joseph Priestley）

就曾经将可展示自然运作的“哲学仪器”（气泵、高温计）与地球仪、太阳系仪及其他一些“智者用来向其他人解释自己对事物的理解”的仪器做过对比。约一个世纪后，万国工业博览会（Great Exhibition）的评委詹姆斯·格莱舍（James Glaisher）曾感叹：“花费在太阳系仪、天文馆和天文机器上的时间、创造力和金钱都被浪费了，它们对天文学学生毫无用处，而且这些东西带来的负面影响总是令天文学家们感到不快。”然而，对我们而言，这些模型在某些受众群体中获得的成功、对仪器制造行业的持续重要性以及在不同时间和地点的使用，始终在提示模型的使用意义和价值。而对不同时期、不同地区的参与者来说，模型所代表的内容都可能存在差异。因此，模型所模拟物体本身的细节应该是模型制造和使用的基本依据。

麦克斯韦对建模的热情再次说明了这个问题。实验物理学的兴起，标志着科学从以演示为目的、以博物馆和剧场为工作基地的实践活动，开始向以私人机构和实验室为基地、通过期刊发表研究成果的研究活动转变。然而，正如我们所看到的，对剑桥大学第一位实验物理学教授麦克斯韦来说，模型及其演示始终是他的科学方法论的基本组成部分。1873 年，他与人共同创立了“剑桥建模俱乐部”，将志同道合的人聚集在一起，旨在鼓励人们制作可解释几何学的模型、机器和示意图。这件事有助于更好地理解麦克斯韦将吉布斯（Gibbs）有关“热力学表面”的描述从数学公式的形式转化成物理石膏模型的过程，他制作了这些模型并分发给了他的同事们。当麦克斯韦得知威廉·汤姆森（William Thomson）制作了一个类似的模型时，他写信请求汤姆森为卡文迪什实验室提供一件复制品，并许诺为这个模型提供一个精美的、前面带玻璃展示窗的陈列箱和特殊的陈列位置。虽然科学模型已经从理论及哲学思想等方面获得了一些研究成果，但是其重要性以及表现力等方面的研究却常常被忽视。

教学模型

如果对麦克斯韦和他的同事们这样的科学实践者来说，还有其他有关模型和建模的意义有待了解，那么探索模型在教学中的作用可能会是一个富有成效的领域。卡文迪什实验室的创立不仅标志着剑桥大学转向了实验科学，也标志着演示教学逐渐成为科学教学的核心组成部分。麦克斯韦曾在 1871 年告诉他的剑桥听众，新实验室的运作流程将激励科学家从使用传统的笔、墨、纸等工具从事研究，扩展到能够锻炼观察感知能力和动手能力的物质实践上。建立模型显然是这种新物理实践的核心内容，观察和使用模型有助于解决和教授抽象概念，用易于理解但又不失严谨的方式解释抽象概念。因此，卡文迪什实验室在继承苏格兰及欧洲大学历史悠久的教学风格的同时，也配备了可解释电学现象、物理结构和数学概念的科学模型。其中一些模型是定制的，另一些则购自仪器制造商。从过去幸存下来的公司交易记录是研究模型应用历史的宝贵资源，如实反映了科学教育对批量生产的教学设备日益增长的需求。

物理学并不是最先在课堂和实验室教学中应用科学模型的学科。虽然当时的仪器制造商乔治·亚当斯（George Adams）生产的华丽盒装套件不太可能大量生产，但至少从 18 世纪开始，在教授欧几里得几何学时，模型便已在数学中得到应用。亚当斯的几何模型精巧细致，主要面向乔治王朝时期的绅士社交圈及上流社会举办的沙龙。同样，为天文学教育大规模生产的早期模型，也是为了方便上流社会的天文学探究，例如地图绘制师爱德华·莫格（Edward Mogg）设计的“可分割的纸板天球仪套件”（1813年）。随着科学教育成为社会中上阶层儿童的基本教学需求，科学模型的组装和重组逐渐成为学生熟悉天文知识的辅助设备之一。那些为配合论文解释科学现象而设计的模型其实也是一种提示，指明科学教学是通过文献、实物及用户相互影响的，而科学模型则是教学领域中不可或缺的组成部分。

随着科学教育场所的迅速增加，教授科学的领域也随之扩大。19世纪欧洲和北美洲的政治改革拓宽了学校教育的范围，力学研究所、公共图书馆、专科学院和新大学的建立为公众提供了学习科学知识的机会。像地质学这样的现代专业学科与这些教学改革也在同步发展，因此教学模型的设计和分发成为学科发展的组成部分。英国工程师、测量师兼地质学家托马斯·索普威思（Thomas Sopwith）既是拓展矿工教育的倡导者，同时也是地质模型的制作者。1841年，他开始推销木制的地质结构模型套件，目的是为各种地质现象提供解释，这些知识是和实际采矿相关的地质研究的基础，而普通图纸很难很好地解释这类地质现象。索普威思通过力学研究所、伦敦地质学会（Geological Society of London）和一本指导手册推广这些模型，并获得了地质学家查尔斯·赖尔（Charles Lyell）和威廉·巴克兰（William Buckland）的赞助。赖尔在他的《地质学原理》（*Elements of Geology*）中举例说明了一些模型，并提醒道：“初学者可能很难理解这些模型，但如果有机会考察和处理原始地质结构，以不同的方式反复思考，便会理解它们的含义。”索普威思的多套模型被保存在教学收藏品和博物馆中，说明了它们的受欢迎程度，同时也提醒我们，在考察 1800 年之后科学所使用的新“视觉语言”的历史时，应将三维模型纳入其中。

在化学领域，科学模型的发展与三维结构思维及相关分子建模的出现密切相关。化学模型也是重要的教学设备，立体化学理论的传播和教授便可以借助廉价的模型套件。模型的指导性功能与教科书学习、实验室操作一并成为学生了解和掌握学科规范、价值和解决问题的基本手段。于是模型制造成就了一个巨大商机，许多公司开始生产各种类型的模型及其套件，其目标市场从儿童游戏室到大学实验室无所不包。1940 年，美国一家名为科学服务中心的公司开启了每月一次的“科学用品”订购邮寄服务，为客户提供成套的工具和模型。在战后一段时期，新颖而又新奇的三维表现方式逐渐渗透到流行文化中，比如晶体分子结构就曾经被选作 1951 年“英国节庆典”（Festival of Britain）的主题标识。七年后，分子模型设计的表现形式在布鲁塞尔世界博览会达到了巅峰，参观者可进入博览会的原子馆内，这是一个被放大了 1650 亿倍的铁原子正方体晶体结构模型，高达 102 米。在这些不同的教学和演示场所，公众可以利用模型学习新知识，掌握物理概念，同时也观摩了规范的三维表现形式。在医学和生物科学中，这些影响尤为明显。

模拟自然

作为一种重要的科学实践，建模在医学和生物科学领域拥有丰富而悠久的历史。至少从文艺复兴时期开始，模型制作者们制造坚固而又生动的自然世界三维模型的能力就已经令学者们深受其益。比如在难以解决尸体来源和储藏等问题的时候，就可以在教学中使用蜡制解剖模型，学生们可以在蜡模中修复复杂的人体病变。蜡、丝线、玻璃和灰泥制成的植物及水果模型可以帮助研究和改进农业技术，展示植物分类，展现异域商品。哈佛大学著名的布拉施卡玻璃模型看起来就像是捕捉到的一个个瞬间自然现象，足以显示科学家和艺术家们对自然世界的掌控能力。科学模型还可以表现一段时间内事物的发展过程，如齐格勒（Ziegler）工作室里的胚胎模型，为了解动物生长和进化提供了新的视角。还有，作为公共景观，伦敦水晶宫（Crystal Palace）中的恐龙等模型将商业和教育融为一体，为参观者了解地球上曾经出现过的生命开辟了新的视野。正如尼克·霍普伍德（Nick Hopwood）所说，在生物科学领域，研究和教学离不开书面语言，也离不开模型的制造和普及。

显然，制造商的技术和工艺水平对许多科学实践而言至关重要。为了获取这些技术，他们既要付出艰苦的艺术劳作，还要妥善地管理和科学家们的关系，因此这样的综合技能往往是商家的宝贵财富，需要严加保护。布拉施卡和齐格勒这样的家族几乎可以据此垄断市场。路易·奥祖（Louis Auzoux）①的建模帝国因为掌握了耐用纸胶的独特配方，基本掌控了19世纪及20世纪初的自然模型市场。奥祖的模型栩栩如生、精巧细致、价格实惠，而且极为坚固，能够用来复原许多解剖或植物学的研究过程，是复杂教学模型在大众市场发展壮大的典型例证。为了响应科学研究和教育的发展需求，奥祖公司将业务拓展到了许多学科领域，从数百个可拆卸部件组成的真人大小的人体模型，到可以确定马的年龄的成套仿制牙齿，再到植物、水果及真菌的模型，应有尽有。

这些模型概括了本文探讨的众多模型类别。从研究到教学再到展示，自然模型的制作和应用存在于生物和医学实践的各个阶段。在惠普尔科学史博物馆，参观者可以看到剑桥真菌学家威廉·狄龙·韦斯顿（William Dillon Weston）制作的微型真菌玻璃模型。这些模型出自他在两次世界大战之间对经济作物真菌病害的研究。在制作过程中，狄龙·韦斯顿通过显微镜观察真菌，然后利用镊子、本生灯和进口的捷克斯洛伐克玻璃，以复杂精细的工艺及400倍的比例完成了这项工程。这些模型在学术界内外都广受欢迎，可以在讲座中做演示，也可以作为识别难以用图片表示的微型真菌的实物指南。不但在皇家农业展展出，还上了英国广播公司（BBC）的电视节目，而且成为学术书籍和国家媒体上的插图，狄龙·韦斯顿的模型最终成为代表应用真菌学及其历史的博物馆珍品。狄龙·韦斯顿的工作也反映了任何试图对科学模型的类型和用途进行严格分类所面临的困难和难以消弭的主观

① 法国解剖学家、博物学家。

性。虽然本章也应用了这些分类，但我们这样做只是为了聚焦广泛用于科学的三维模型的一些特定方面。若想将这些方面结合在一起，使人们能够清楚地了解模型的角色和用途的变化历程，还需要做更多的工作。目前，我们主要探讨了模型的不同制造者、使用者及其使用场所，为了解历史上科学实践和传播以及这些课题之间的细微差别提供一个观察窗口。

图 10.2　一个 25 厘米高的莴苣盘梗霉（霜霉菌）玻璃模型，该霉菌是一种微真菌，可侵袭莴苣作物。在 20 世纪三四十年代，剑桥真菌学家威廉·狄龙·韦斯顿制作了 90 多个玻璃模型，这是其中一个。（The Whipple Museum）

延伸阅读指南

虽然有大量关于科学模型的哲学文献可供参考，但描述其历史的文献仍然不多见。德·查达里维安和霍普伍德于2004年出版的《模型：科学的第三维表述》（*Models：The Third Dimension of Science*）是这个领域的最佳综述著作，两位作者还围绕医学和生物学模型发表了其他一些重要成果。克莱因在2001年出版的著作也具有重要价值。模型在化学领域的应用是一个丰富的研究资源，在这方面，弗朗克尔和迈内尔的成果是很好的研究起点。谢弗在其研究中引用的文献概括了18世纪的模型在公共事物中和私人使用中承担的角色，而亨特（Hunt）1991年的研究成果、黑利（Haley）2002年的研究成果和布伦尼（Brenni）2004年的研究成果则是有关经典物理学模型的很好的文献资源。金（King）和米尔伯恩（Millburn）在1978年发表的研究成果是机械天文模型的重要参考文献。

除了本文引用的文献外，最为生动的有关模型知识的资源是博物馆和其他机构的模型收藏。例如，哥廷根大学的数学模型和仪器收藏十分丰富。关于惠普尔科学史博物馆收藏品的详细信息可以在其网站上搜索查询。博物馆的许多科学史收藏品包含了各种各样的科学模型，无声地述说着它们在科学实践与教学中的重要作用。

注 释

第一章

[1] Simple gearing that converts linear motion into rotation. The rack is straight rod with teeth cut along one of its edges. The teeth engage with the pinion, which is a series of evenly spaced radial teeth attached to the shaft that carries the rotating component.

[2] An alidade is a sighting device, often found on astrolabes as a pivoted bar spanning the diameter of the instrument with a sight on either end. Once the distant object has viewed through the two aligned sights, the bar is used to read the angle against an engraved scale.

[3] The rete is a pierced plate that sits within the mater (the body of the astrolabe) and in simple terms describes the relative positions of bright stars. The rete is adjustable and can be rotated on a central pivot to align the star positions against the projection of the celestial sphere, according to a specific latitude, engraved onto a static plate known as a tympan.

[4] 天体的一种三维模型。

[5] The verge is a shaft with two integral flag-like pallets, placed at approximately 90° from each other and spaced so that their centers correspond with the circumference of the crown-shaped wheel. The clock's driving force attempts to push the pallet away from engagement from a tooth, when this is achieved the other pallet is placed to arrest a tooth on the opposite side of the crown wheel. The interaction causes the verge to oscillate and the weighted arms attached to the verge, the foliot, slow and regulate its oscillation.

[6] By simplifying the clock train to one wheel (for example) frictional problems are largely eliminated, but this will reduce the clock's duration considerably. A remon-

toire is a clockwork auto-wind for such a simplified mechanism, which allows for a long duration without the problems associated with friction within the train.

[7] 这是冕状轮擒纵机构的一种变体，每个擒纵叉连接着一个齿轮传动原始平衡摆。

[8] The pivoted component in a ratchet mechanism that only allows the saw-toothed wheel to pass in one direction.

第二章

[1] 这些改革是更大的十进制项目的一部分，其中包括角度和货币。（Tschoegl 2010）.

第三章

[1] For an overview of the historiography, which has taken a decided turn toward business history, see Haigh 2011; for sharp historiographical insight on the histories of computing, Mahoney 2011; for "computing" before the digital computer, with good reference to engineering traditions, see Akera 2007, chapter 1. The classic study of the early development of the digital computer for scientific applications is Goldstine 1972. For the spread of information technologies internationally, see Cortada 2012.

[2] A crucial corrective to simple narratives of computerization is Agar 2006, 873; compare Mahoney 2005; Hashagen 2013.

[3] Among many studies, see, e. g., Kay 2000.

[4] For broader concerns about tables, see Warwick 1995, 317-27.

[5] For the UK, see the revisionist account Agar 2003; for the Soviet Union, see Crowe and Goodman 1994; Goodman 2003.

[6] For an international survey, see Brezinski and Wuytack 2001.

[7] See, however, the fine Winsburg 2010. For models in the history of science, see Morgan and Morrison 1999; Creager, Lunbeck, and Wise 2007.

[8] For histories of data, see, for example, Edwards 2010; Strasser 2012; Sepkoski 2013; Leonelli 2014.

[9] The main academic histories of database systems are Bergin and Haigh 2009 and Haigh 2009; more generally, see Nolan 2000.

[10] See Burri and Dumit 2008 for visualization studies in STS.

第八章

[1] See Gjertsen 1986, 507-8 for a compilation of all prisms traceable from Newton's manuscripts, papers, and correspondence.

[2] See Newton 1672; [1979]; and 1984 on Newton's theory of light, furthermore Schaffer 1989 and Shapiro 1996 on the controversies around Newton's crucial experiment which several continental experimenters initially could not replicate, partly for lack of high-quality prisms, partly for lack of skill in experimentation.

[3] On this context cf. Jackson (2000).

[4] cf. Rohr 1929 and Jackson 2000 on Fraunhofer's context, and Hentschel 2002a, 33-6 on Fraunhofer's mapping of the solar spectrum.

[5] On the study of bright lines in the spectra of flames, arcs and sparks before 1859 see Hentschel 2002a, 36-47 and references given there.

[6] On the (pre) history of spectrum analysis see McGucken 1969 and Hentschel 2002a, chapter 1; cf. Bunsen 1904, vol. 3 and Hennig 2003 for a detailed description of the hollow-prism spectroscope used by Bunsen and Kirchhoff in 1859.

[7] On Lockyer's life and work in spectroscopy see Meadows 1972.

[8] On the work of Sir and Lady Huggins see Huggins 1909; Hearnshaw 1986; Becker 2011.

[9] See Wright 1966 on Hale, and Lankford 1997 for social historical data on astrophysics in the US, Hufbauer 1991 and Hentschel 1998 on Europe, Hearnshaw 2009, 113ff. on the design and function of Hale's tower telescopes, and Hentschel 1997 on the Einstein tower in Potsdam.

[10] On the atomic theory of series and band spectra in the twentieth century that also range into the infrared and ultraviolet, cf. Baly 1929 and Brand 1995.

[11] For an overview of the development of technology for the ruling of gratings as well as scratching into surfaces for other purposes before Rowland, see Warner 1986, 125ff.

[12] Up to 325 wires per inch in Fraunhofer's case; cf. Fraunhofer 1888 and Rohr 1929.

[13] Baly 1929, vol. 1, p. 28; cf. also Sweetnam 2000 on Rowland and his collaborators.

[14] On the progress in diffraction grating production after Rowland see Harrison 1973;

Palmer 2005; Hearnshaw 2009, chapter 2.

第九章

[1] 在此我想对 David Aubin, Annemieke Verboon, and Ronan Le Roux 对于本章内容提出的建议表示感谢。

[2] See also, e. g., Heßler and Mersch 2009; Bauer and Ernst 2010; Schmidt-Burkhardt 2012. See Batt 2004 for a point of comparison in the, largely, French philosophical context.

第十章

[1] 在此对 Boris Jardine and David Rowe 关于模型的见解表示感谢.

[2] 两个这样的模型收藏于 Whipple Museum in Cambridge，其他模型收藏在 University of Edinburgh School of Chemistry, the National Museum of Scotland, and the Science Museum, London.

[3] Numerous examples of Georgian demonstration models can be found in Morton and Wess 1993.

[4] http://www.math.uni-goettingen.de/historisches/modelcollection.html. Accessed September 30, 2015.

[5] http://www.hps.cam.ac.uk/whipple/explore/models/. Accessed September 30, 2015.

参考文献

第一章

Ackermann, Silke. 1999. "Sun, moon and stars: Telling the time with astronomical instruments from the British Museum." *Antiquarian Horology*, 25: 31-46.

Bedini, Silvio. 1962. "The compartmented cylindrical clepsydra." *Technology and Culture*, 3: 115-41.

Bedini, Silvio, and Francis Madison. 1966. "Mechanical universe: The astrarium of Giovanni de' Dondi." *Transactions of the American Philosophical Society*, 56: 1-69.

Crew, Henry, and Alfonso de Salvio. 1954. [Galileo's] *Dialogues Concerning Two New Sciences*. New York: Dover Publications.

Curie, Marie. 1898. "Rayonsémis par les composés de Vuranium et du Thorium." *Comptes Rendus Hebdomaires des Seances de l'Acad émie des Sciences*, 126: 1101.

Da Vinci, Leonardo. 1490-1496. *Madrid Codex* I: 61v: 111. http://ima. udg. edu/~dagush/ Projects/Leonardo/Codex_Madrid_I. pdf Accessed September 27, 2015.

Drake, Stillman. 1978. *Galileo at Work: His Scientific Biography*. Chicago: University of Chicago Press.

Drake, Stillman. 1990. *Galileo: Pioneer Scientist*. Toronto: University of Toronto Press.

Edwardes, Ernest, L. 1970. "Horologium, Christiaan Huygens, 1658. Latin text with translation." *Antiquarian Horology*, 7: 35.

Freeth, Tony, Alexander Jones, John Steele, and Yanis Bitsakis. 2008. "Calendars with Olympiad and eclipse prediction on the Antikythera mechanism." *Nature*, 454: 614-17. DOI: 10. 1038/nature07130.

Ghezzi, Ivan and Cliver Ruggles. 2007. "Chankillo: A 2300-year-old solar observatory in coastal Peru." *Science*, New Series, 315: 1239-43.

Higgitt, Rebekah (ed.) 2013. *Maskelyne: Astronomer Royal*. London: Robert Hale.

Howard, Nicole. 2008. "Marketing longitude: Clocks, kings, courtiers and Christiaan Huygens." *Book History*, 1: 59-88.

Howse, Derek. 1970. "The Tompion clocks at Greenwich and the dead-beat escapement part 1." *Antiquarian Horology*, 7, No. 1: 18-34.

Jardine, Lisa. 2009. *Going Dutch: How England Plundered Holland's Glory*. London: Harper Perennial.

Katzir, Shaul. 2003. "The discovery of the piezoelectric effect." *Archive for History of Exact Sciences*, 57: 61-91.

Koyre, Alexandre. 1953. "An experiment in measurement." *Proceedings of the American Philosophical Society*, 97: 222-37.

Kron, Gerald E. 1940. "Recent methods and technique of photoelectric photometry." *Publications of the Astronomical Society of the Pacific*, 52: 250-6.

Kurz, Otto. 1975. *European Clocks and Watches in the Near East*. London: The Warburg Institute.

Landes, David, S. 1983. *Revolution in Time. Cambridge*, MA: The Belknap Press of Harvard University.

Lloyd, H. Allan. 1958. *Some Outstanding Clocks over Seven Hundred Years* 1250-1950. London: Leonard Hill.

MacKay, Pierre. 1969. "A Turkish description of the tower of the winds." *American Journal of Archaeology*, 73, No. 4: 468-9.

Mahoney, Michael S. 1980. "Christiaan Huygens: The measurement of time and longitude at sea." In*Studies on Christiaan Huygens*, edited by H. J. M. Bos, M. J. S. Rudwick, H. A. M. Melders, and R. P. W. Visser, 234-70. Lisse: Swets. http://www.princeton.edu/~hos/Mahoney/articles/huygens/timelong/timelong.html Accessed September 27, 2015.

Maskelyne, Nevil. 1795. *Astronomical Observations made at the Royal Observatory at Greenwich* , Volume III. London: Royal Society.

Mills A. A. 1982. "Newton's water clocks and the fluid mechanics of clepsydrae." *Notes and Records of the Royal Society of London*, 37, No. 1: 35-61.

Moran, Bruce T. 1977. "Princes, machines and the valuation of precision in the 16th century." *Sudhoffs Archiv*, Bd. 61, H. 3: 209-28.

Needham, Joseph. 1959. "The missing link in horological history: A Chinese contribution." *Proceedings of the Royal Society of London, Series A, Mathematical and Physical Sciences*, 250: 147-79.

Needham, Joseph, Wang Ling, and Derek de Solla Price. 1960. *Heavenly Clockwork: The Great Astronomical Clocks of Medieval China: A Missing Link in Horological History*. London: Cambridge University Press.

Neugebauer, Otto, 1969. *The Exact Sciences in Antiquity*. New York: Dover Publications.

Newton, Isaac. 1669. "Laboratory notebook." Portsmouth Collection Add. MS. 3975, Cambridge University Library, Cambridge University. http://webapp1.dlib.indiana.edu/newton/browse Accessed September 27, 2015.

Newton, Isaac. 1713 [2010]. *The Principia: Mathematical Principles of Natural Philosophy*. New York: Snowball Publishing.

Noble, Joseph, and Derek de Solla Price. 1968. "The water clock in the tower of the winds." *American Journal of Archaeology*, 74, No. 4: 345-55.

Norris, Ray P., Cilla Norris, Duane W. Hamacher, and Reg Abrahams. 2013. "Wurdi Youang: An Australian Aboriginal stone arrangement with possible solar indications." *Rock*

Art Research, 30, No. 1: 55-65.

North, John. 2005. *God's Clockmaker: Richard of Wallingford and the invention of Time*. London and New York: Hambledon and London.

Olmsted, John W. 1942. "The scientific expedition of Jean Richer to Cayenne (1672-1673)." *Isis*, 34, No. 2: 117-28.

Owen, Dorothy M., and S. W. Woodward. 1981. "The minute-books of the Spalding Gentlemen's Society 1712-1755." *Lincoln Record Society*, 73: 22.

Price, Derek J. de Solla. 1974. *Gears from the Greeks, the Antikythera Mechanism-a Calendar Computer ca.* 80 B. C. Philadelphia: The American Philosophical Society. DOI: 10.2307/1006146.

Reti, Ladislao and Juanelo Turriano. 1967. "The Codex of Juanelo Turriano." *Technology and Culture*, 8, No. 1: 53-6.

Robertson, J. Drummond. 1931. *The Evolution of Clockwork*. London: Cassell & Company Ltd.

Saliba, George. 1992. "The role of the astrologer in medieval Islamic society." *Bulletin d'Études Orientales*, T. 44: 45-67.

Staudacher, Fritz. 2014. *Jost Buergi—Kepler und der Kaiser—Instrumentenbauer, Astronom, Mathematiker* 1552-1632. Zurich: Verlag Neue Zuercher Zeitung.

Thompson, David. 2006. "Jan Janssen Bockelts the younger 'puritan' style verge watch with centre seconds, Haarlem, c. 1630." *Antiquarian Horology*, 29: 827-30.

Thorndike, Lynn. 1941. "Invention of the mechanical clock about 1271 A. D." *Speculum*, 16, No. 2: 242-3.

UNESCO-IAU, 2012. "Portal to the heritage of astronomy." http://www2.astronomicalheritage.net/Accessed September 27, 2015.

Whitrow, G. J. 1988. *Time in History: Views of Time from Prehistory to the Modern Day*. Oxford: Oxford University Press.

Woodbury, Robert S. 1958. *History of the Gear-Cutting Machine*. Cambridge, MA: Technology Press.

Yoder, Joella G. 2004. *Unrolling Time, Huygens and the Mathematization of Nature*. Cambridge: Cambridge University Press.

第二章

Alder, Ken. 1994. "A revolution to measure: The political economy of the metric system in France." In*The Values of Precision*, edited by Norton Wise, 39-71. Princeton: Princeton University Press.

Alder, Ken. 2002. *The Measure of all Things: The Seven Years Odyssey and Hidden Error that Transformed the World*. New York: The Free Press.

Barany, Michael. 2010. "Pyramid metrology and the material politics of basalt." *Spontaneous Generations: A Journal for the History and Philosophy of Science*, 4: 45-60.

Barman, Roderick. 1977. "The Brazilian peasantry reexamined: The implications of the Quebra-Quilo Revolt, 1874-1875." *Hispanic American Historical Review*, 53: 401

-24.

Bloch, Marc. 1934. "Le témoignage des mesures agraires." *Annales d'histoire économique et sociale*, 6: 280-2.

Brück, Hermann A., and M. T. Brück. 1988. *The Peripatetic Astronomer: The Life of Charles Piazzi Smyth*. Philadelphia, PA: Adam Hilger.

Cardarelli, François 2003. *Encyclopaedia of Scientific Units, Weights and Measures: Their SI Equivalences and Origins*. New York: Springer.

Carroll, Patrick. 2006. *Science, Culture, and Modern State Formation*. Berkeley: University of California Press.

Connor, R. D., A. D. C. Simpson, and A. D. Morrison-Low. 2004. *Weights and Measures of Scotland: A European Perspective*. Edinburgh: National Museums of Scotland.

Cox, Edward Franklin. 1958. "The metric system: A quarter-century of acceptance (1851-1876)." *Isis*, 13: 358-79.

Cox, Edward Franklin. 1959. "The International Institute: First organized opposition to the metric system." *Ohio Historical Quarterly*, 58: 54-83.

Crease, Robert. 2011. *World in the Balance: The Historic Quest for an Absolute System of Measurement*. New York: W. W. Norton.

Crosland, Maurice. 1969. "The congress on definitive metric standards, 1798-1799: The first international scientific conference?" *Isis*, 60: 226-31.

Crump, Thomas. 1992. *The Anthropology of Numbers*. Cambridge: Cambridge University Press. Curtis, Bruce. 1998. "From the moral thermometer to money: Metrological reform in pre-confederation Canada." *Social Studies of Science*, 28: 547-70.

Geyer, Martin. 2001. "One language for the world: The metric system, international coinage, gold standard, and the rise of internationalism, 1850-1900." In *The Mechanics of Internationalism*, edited by Martin Geyer and Johannes Paulmann, 55-92. New York: Oxford University Press.

Gillispie, Charles Coulston. 2004. *Science and Polity in France: The Revolutionary and Napoleonic Years*. Princeton, NJ: Princeton University Press.

Gooday, Graeme J. N. 2004. *The Morals of Measurement: Accuracy, Irony, and Trust in Late Victorian Electrical Practice*. New York: Cambridge University Press.

Guedj, Denis. 2000. *Le mètre du monde: Historie politique, scientifique et philosophique de l'invention du système métrique décimal*. Paris: Editions du Seuil.

Heilbron, John L. 1989. "The politics of the meter stick." *American Journal of Physics*, 57: 988-92.

Hobsbawm, Eric. 1995. *The Age of Extremes*. London: Abacus.

Hocquet, Jean-Claude. 1985. "Le pain, le vin et la juste mesure à la table des moines carolingiens." *Annales. Histoire, Sciences Sociales*, 40: 661-86.

International Conference Held at Washington for the Purpose of Fixing a Prime Meridian and a Universal Day. 1884. Washington, DC: Gibson Bros.

Jefferson, Thomas. 1953. "Notes on the establishment of a money unit, and of a coinage for the United States." In *The Papers of Thomas Jefferson*, edited by Julian Boyd, volume VII, 175–88. Princeton, NJ: Princeton University Press.

Klein, H. A. 1988. *The Science of Measurement: A Historical Survey.* New York: Dover.

Kula, Witold. 1986. *Measures and Men.* Princeton, NJ: Princeton University Press.

Maestro, Marcello. 1980. "Going metric: How it all started." *Journal of the History of Ideas*, 3: 479–86.

Morley, Iain and Colin Renfrew (eds.) 2010. *The Archaeology of Measurement: Comprehending Heaven, Earth and Time in Ancient Societies.* New York: Cambridge University Press.

North, Douglass. 1987. "Review of *Measures and Men*, by Witold Kula." *The Journal of Economic History*, 47: 593–5.

O'Brien, Patricia, and Hanne Christiansen. 1986. "An ancient Maya measurement system." *American Antiquity*, 51: 136–51.

Olesko, Kathryn. 1996. "Precision, tolerance and consensus: Local cultures in German and British resistance standards." *Archimedes*, 1: 117–56.

Peirce, C. S. 1982. "Review of Noel's *The Science of Metrology.*" In *Writings of Charles S. Peirce*, 6, 377–379. Bloomington: Indiana University Press.

Pollard, Sidney. 1983. "Capitalism and rationality: A study of measurement in British coal mining, ca. 1750–1850." *Explorations in Economic History*, 20: 110–29.

Quinn, Terry. 2012. *From Artefacts to Atoms: The BIPM and the Search for Ultimate Measurement Standards.* New York: Oxford University Press.

Porter, Theodore. 1995. *Trust in Numbers: The Pursuit of Objectivity in Science and Public Life.* Princeton, NJ: Princeton University Press.

Reisenauer, Eric Michael. 2003. "'The battle of the standards': Great pyramid metrology and British identity, 1859–1890." *The Historian*, 65: 931–78.

Richardson, Kim. 2010. *Quebra-Quilos and Peasant Resistance: Peasants, Religion, and Politics in Nineteenth-Century Brazil.* Lanham, MD: University Press of America.

Ros Galiana, Fernando. 2004. *Así no se mide. Antropología de la medición en la España conteporánea.* Madrid: Ministerio de Cultura.

Safier, Neil. 2008. *Measuring the New World: Enlightenment Science and South America.* Chicago: University of Chicago Press.

Schaffer, Simon. 1992. "Late Victorian metrology and its instrumentation: A manufactory of ohms." In *Invisible Connections: Instruments, Institutions, and Science*, edited by Robert Bud and Susan Cozzens, 438–74. Bellingham, WA: SPIE Optical Engineering Press.

Schaffer, Simon. 1997. "Metrology, metrication, and Victorian values." In *Victorian Science in Context*, edited by Bernard Lightman, 438–74. Chicago: University of Chicago Press.

Scott, James C. 1998. *Seeing Like a State.* New Haven, CT: Yale University Press.

Shaw, Matthew. 2011. *Time and the French Revolution: The Republican Calendar, 1789–Year XIV.* Woodbridge: Royal Historical Society.

Statistical Office of the United Nations. 1966. *World Weights and Measures.* New York: United Nations.

Ten, Antonio. 1996. *Medir el metro: La historia de la prolongación del arco de meridiano Dunkerque–Barcelona, base del sistema métrico decimal*. Valencia: Universitat de Valencia.

Treat, Charles. 1971. *A History of the Metric System Controversy in the United States*. Washington, DC: NBS.

Tschoegl, Adrian. 2010. "The international diffusion of an innovation: The spread of decimal currency." *Journal of Socio–Economics*, 39: 100–9.

Velkar, Aashish. 2012. *Markets and Measurements in Nineteenth–Century Britain*. Cambridge: Cambridge University Press.

Vera, Hector. 2009. "Decimal time: Misadventures of a revolutionary idea, 1793–2008." *KronoScope*, 9: 29–48.

Vera, Hector. 2011. "The social life of measures: Metrication in the United States and Mexico, 1789–2004". PhD Dissertation, Sociology and Historical Studies, New School for Social Research.

Vera, Hector. 2015. "The social construction of units of measurement: Institutionalization, legitimation, and maintenance in metrology." In *Standardization in Measurement: Philosophical, Historical and Sociological Issues*, edited by Lara Huber and Oliver Schlaudt, 173–87. London: Pickering & Chatto.

Verman, Lal, and Jainath Kaul (eds.) 1970. *Metric Change in India*. New Delhi: Indian Standards Institution.

Williams, Barbara, and María del Carmen Jorge. 2008. "Aztec arithmetic revisited: Land–area algorithms and Acolhua congruence arithmetic." *Science*, 320: 72–7.

Zupko, Ronald. 1968. *French Weights and Measures before the Revolution: A Dictionary of Provincial and Local Units*. Bloomington: Indiana University Press.

Zupko, Ronald. 1990. *Revolution in Measurement: Western European Weights and Measures since the Age of Science*. Philadelphia, PA: American Philosophical Society.

第三章

Adam, Anderson. 1832. "Arithmetic." In *The Edinburgh Encyclopaedia Conducted by David Brewster, with the Assistance of Gentlemen Eminent in Science and Literature*, edited by David Brewster, 2: 345–400. Philadelphia, PA: J. and E. Parker.

Agar, Jon. 2003. *The Government Machine: A Revolutionary History of the Computer*. Cambridge, MA: MIT Press.

Agar, Jon. 2006. "What difference did computers make?" *Social Studies of Science*, 36, No. 6: 869–907. DOI: 10.1177/0306312706073450.

Akera, Atsushi. 2007. *Calculating a Natural World: Scientists, Engineers, and Computers During the Rise of U. S. Cold War Research*. Cambridge, MA: MIT Press.

Anderson, Chris. 2008. "The end of theory: The data deluge makes the scientific method obsolete." *Wired Magazine On–Line*. http://archive.wired.com/science/discoveries/magazine/16–07/pb_theory [Accessed September 28, 2015].

Aspray, William. 1989. "The transformation of numerical analysis by the computer: An example from the work of John von Neumann." In *History of Modern Mathematics*, edited by David E. Rowe, and John McCleary, 2: 307-22. Boston, MA: Academic Press.

Aspray, William (ed.) 1990. *Computing before Computers*. Ames: Iowa State University Press. Bell, Gordon, Tony Hey, and Alex Szalay. 2009. "Beyond the data deluge." *Science*, 323: 1297-8.

Bennett, John M., and John C. Kendrew. 1952. "The computation of Fourier synthesis with a digital electronic calculating machine." *Acta Crystallographica*, 5, No. 1: 109-16.

Bergin, Thomas J., and Thomas Haigh. 2009. "The commercialization of database management systems, 1969-1983." *Annals of the History of Computing*, 31, No. 4: 26-41.

Bowker, Geoffrey C. 2000. "Biodiversity datadiversity." *Social Studies of Science*, 30, No. 5: 643-83.

Breiman, Leo. 2001. "Statistical modeling: The two cultures." *Statistical Science*, 16: 199-215. Brezinski, C., and L. Wuytack. 2001. "Numerical analysis in the twentieth century." In *Numerical Analysis: Historical Developments in the 20th Century*, edited by L. Wuytack and C. Brezinski, 1-40. Amsterdam: Elsevier.

Burke, Colin B. 2002. *It Wasn't All Magic: The Early Struggle to Automate Cryptanalysis, 1930s-1960s*. Fort Meade, MD: Center for Cryptological History, NSA. http://archive.org/details/NSA-WasntAllMagic_2002 [Accessed September 28, 2015].

Burri, Regula, and Joe Dumit. 2008. "Social studies of scientific imaging and visualization." In *The Handbook of Science and Technology Studies*, edited by Edward J. Hackett, 3rd edition, 297-317. Cambridge, MA: MIT Press.

Care, Charles. 2006. "A chronology of analogue computing." *The Rutherford Journal: The New Zealand Journal for the History and Philosophy of Science and Technology*, 2: July. http://www.rutherfordjournal.org/article020106.html [Accessed September 28, 2015].

Chadarevian, Soraya de. 2002. *Designs for Life: Molecular Biology After World War II*. Cambridge: Cambridge University Press.

C[omrie], L. J. 1943. "Recent mathematical tables." *Mathematical Tables and Other Aids to Computation*, 1, No. 1: 3-23. DOI: 10.2307/2002683.

C[omrie], L. J. 1946. "The application of commercial calculating machines to scientific computing." *Mathematical Tables and Other Aids to Computation*, 2, No. 16: 149-59. DOI: 10.2307/2002577.

Cortada, James W. 2000. *Before the Computer: IBM, NCR, Burroughs, and Remington Rand and the Industry They Created*, 1865-1956. Princeton, NJ: Princeton University Press.

Cortada, James W. 2012. *The Digital Flood: The Diffusion of Information Technology across the U.S., Europe, and Asia*. New York: Oxford University Press.

Creager, Angela N. H., Elizabeth Lunbeck, and M. Norton Wise (eds.) 2007. *Science*

Without Laws: *Model Systems*, *Cases*, *Exemplary Narratives*. Durham, NC: Duke University Press.

Crowe, G. D., and S. E. Goodman. 1994. "S. A. Lebedev and the birth of Soviet computing." *Annals of the History of Computing*, *IEEE*, 16, No. 1: 4–24. DOI: 10.1109/85.251852. Dahan Dalmenico, Amy. 1996. "L'essor des mathématiques appliquées aux États-Unis: l'impact de la seconde guerre mondiale." *Revue d'histoire des mathématiques*, 2, No. 2: 149–213.

Edwards, Paul. 2010. *A Vast Machine*: *Computer Models*, *Climate Data*, *and the Politics of Global Warming*. Cambridge, MA: MIT Press.

Edwards, Paul, Matthew S. Mayernik, Archer Batcheller, Geoffrey Bowker, and Christine Borgman. 2011. "Science friction: Data, metadata, and collaboration." *Social Studies of Science*, 41, No. 5: 667–90.

Feigenbaum, Edward. 2007. *Oral History of Edward Feigenbaum.* Interview by Nils Nilsson. http://archive.computerhistory.org/resources/access/text/2013/05/102702002-05-01-acc.pdf [Accessed September 28, 2015].

Forsythe, D. E. 1993. "Engineering knowledge: The construction of knowledge in artificial intelligence." *Social Studies of Science*, 23, No. 3: 445 – 77. DOI: 10.1177/030631279302300300 2.

Galison, P. 1997. *Image and Logic*: *A Material Culture of Microphysics*. Chicago: University of Chicago Press.

Goldstine, Herman H. 1972. *The Computer from Pascal to von Neumann.* Princeton, NJ: Princeton University Press.

Goodman, Seymour. 2003. "The origins of digital computing in Europe." *Communications of the ACM*, 46, No. 9: 21–5.

Grier, David Alan. 2005. *When Computers Were Human*. Princeton, NJ: Princeton University Press.

Hagen, Joel B. 2001. "The introduction of computers into systematic research in the United States during the 1960s." *Studies in History and Philosophy of Science Part C*: *Studies in History and Philosophy of Biological and Biomedical Sciences*, 32, No. 2: 291 – 314. DOI: 10.1016/S1369–8486(01)00005–X.

Haigh, Thomas. 2009. "How data got its base: Information storage software in the 1950s and 1960s." *Annals of the History of Computing*, *IEEE*, 31, No. 4: 6–25.

Haigh, Thomas. 2011. "The history of information technology." *Annual Review of Information Science and Technology*, 45, No. 1: 431–87.

Haigh, Thomas, Mark Priestley, and Crispin Rope. 2014. "Los Alamos bets on ENIAC: Nuclear Monte Carlo simulations, 1947 – 1948." *Annals of the History of Computing*, *IEEE*, 36, No. 3: 42–63.

Hashagen, Ulf. 2013. "The computation of nature, or: Does the computer drive science and technology?" In *The Nature of Computation. Logic*, *Algorithms*, *Applications*, edited by Paola Bonizzoni, Vasco Brattka, and Benedikt Lo¨we, 263–70. Springer Berlin: Springer.

Heide, Lars. 2009. *Punched–Card Systems and the Early Information Explosion*, 1880–

1945. Baltimore: Johns Hopkins University Press.

Irani, Keki B., Jie Cheng, Usama M. Fayyad, and Zhaogang Qian. 1993. "Applying machine learning to semiconductor manufacturing." *IEEE Expert*, 8, No. 1: 41–7.

Jagger, Graham. 2003. "The making of logarithm tables." In *The History of Mathematical Tables: From Sumer to Spreadsheets*, edited by Martin Campbell-Kelly, Mary Croarken, Raymond Flood, and Eleanor Robson, 49–78. Oxford: Oxford University Press.

Jones, Matthew L. forthcoming. *Reckoning with Matter: Calculating Machines, Innovation, and Thinking about Thinking from Pascal to Babbage*. Chicago: University of Chicago Press.

Kay, Lily E. 2000. *Who Wrote the Book of Life?: A History of the Genetic Code*. Stanford, CA: Stanford University Press.

Kidwell, Peggy A. 1990. "American scientists and calculating machines: From novelty to commonplace." *IEEE Annals of the History of Computing*, 12, No. 1: 31–40.

Lenhard, Johannes, Terry Shinn, and Günter Küppers. 2006. "Computer simulation: Practice, epistemology, and social dynamics." In *Simulation*, 25: 3–22. Sociology of the Sciences Yearbook. Dordrecht: Springer.

Leonelli, Sabina. 2014. "What difference does quantity make? On the epistemology of big data in biology." *Big Data & Society*, 1, No. 1. DOI: 10.1177/2053951714534395.

Leonelli, Sabina, and Rachel A. Ankeny. 2012. "Re-thinking organisms: The impact of databases on model organism biology." *Studies in History and Philosophy of Science Part C: Studies in History and Philosophy of Biological and Biomedical Sciences*, 43, No. 1: 29–36. DOI: 10.1016/j.shpsc.2011.10.003.

Light, Jennifer S. 1999. "When computers were women." *Technology and Culture*, 40, No. 3: 455–83.

Lindgren, Michael. 1990. *Glory and Failure: The Difference Engines of Johann Müller, Charles Babbage and Georg and Edvard Scheutz*. Cambridge, MA: MIT Press.

MacKenzie, Donald. 1991. "The influence of the Los Alamos and Livermore national laboratories on the development of supercomputing." *Annals of the History of Computing*, 13, No. 2: 179–201.

Mahoney, Michael S. 2005. "The histories of computing(s)." *Interdisciplinary Science Reviews*, 30, No. 2: 119–35. DOI: 10.1179/030801805X25927.

Mahoney, Michael S. 2011. *Histories of Computing*. Edited by Thomas Haigh. Cambridge, MA: Harvard University Press.

Marguin, Jean. 1994. *Histoire des instruments et machines à calculer: Trois siècles de mécanique pensante, 1642–1942*. Paris: Hermann.

McCormick, Bruce H., Thomas A. DeFanti, and Maxine D. Brown. 1987. *Visualization in Scientific Computing*. Vol. 21. Computer Graphics. New York: ACM Press. http://www.sci.utah.edu/vrc2005/McCormick-1987-VSC.pdf [Accessed September 28, 2015].

Metropolis, Nicholas, and Stanislaw Ulam. 1949. "The Monte Carlo method." *Journal of the American Statistical Association*, 44, No. 247: 335–41.

Mindell, David A. 2002. *Between Human and Machine: Feedback, Control, and Computing before Cybernetics*. Baltimore: The Johns Hopkins University Press.

Morgan, Mary S., and Margaret Morrison (eds.) 1999. *Models as Mediators: Perspectives on Natural and Social Science*. Cambridge: Cambridge University Press.

Nolan, Richard L. 2000. "Information technology management since 1960." In *Nation Transformed by Information: How Information Has Shaped the United States from Colonial Times to the Present*, edited by Alfred Dupont Chandler and James W. Cortada, 217-56. New York: Oxford University Press.

November, Joseph Adam. 2012. *Biomedical Computing: Digitizing Life in the United States*. Baltimore: Johns Hopkins University Press.

Owens, Larry. 1986. "Vannevar Bush and the differential analyzer: The text and context of an early computer." *Technology and Culture*, 27, No. 1: 63-95.

Polachek, Harry. 1995. "History of the Journal *Mathematical Tables and Other Aids to Computation*, 1959-1965." *Annals of the History of Computing*, 17, No. 3: 67-74.

Priestley, Mark. 2011. *A Science of Operations*. London: Springer.

Quinlan, J. R. 1979. "Discovering rules by induction from large collections of examples." In *Expert Systems in the Micro-Electronic Age*, edited by Donald Michie, 168-201. Edinburgh: Edinburgh University Press.

Rees, Mina. 1950. "The federal computing machine program." *Science*, 112: 731-6.

Schaffer, Simon. 1994. "Babbage's intelligence: Calculating engines and the factory system." *Critical Inquiry*, 21: 203-27.

Seidel, RobertW. 1998. "'Crunching numbers': Computers and physical research in the AEC laboratories." *History and Technology*, 15, No. 1-2: 31-68. DOI: 10.1080/07341519808581940.

Sepkoski, David. 2013. "Towards 'a natural history of data': Evolving practices and epistemologies of data in paleontology, 1800-2000." *Journal of the History of Biology*, 46, No.3: 401-44. DOI: 10.1007/s10739-012-9336-6.

Simon, Herbert A. 1996. *The Sciences of the Artificial.* 3rd edition. Cambridge, MA: MIT Press.

Simpson, George Gaylord. 1962. "Primate taxonomy and recent studies of nonhuman primates." *Annals of the New York Academy of Sciences*, 102, No. 2: 497-514. DOI: 10.1111/j.1749-6632.1962.tb13656.x.

Snyder, Samuel S. 1980. "Computer advances pioneered by cryptologic organizations." *Annals of the History of Computing*, 2, No. 1: 60-70.

Stevens, Hallam. 2013. *Life Out of Sequence: A Data-Driven History of Bioinformatics*. Chicago: University of Chicago Press.

Strasser, Bruno J. 2012. "Data-driven sciences: From wonder cabinets to electronic databases." *Studies in History and Philosophy of Science Part C: Studies in History and Philosophy of Biological and Biomedical Sciences*, 43, No. 1: 85-7. DOI: 10.1016/j.shpsc.2011.10.009.

Swade, Doron. 2001. *The Difference Engine: Charles Babbage and the Quest to Build the*

First Computer. New York: Viking.

Thoren, Victor E. 1988. "Prosthaphaeresis revisited." *Historia Mathematica*, 15, No. 1: 32-9. DOI: 10.1016/0315-0860(88)90047-X.

Von Neumann, John, and Herman H. Goldstine. 1961. "On the principles of large scale computing machines (1946)." In *Collected Works*, by John Von Neumann, 1-33. New York: Pergamon Press.

Warwick, Andrew. 1995. "The laboratory of theory, or, what's exact about the exact sciences." In *Values of Precision*, edited by M. Norton Wise, 135-72. Princeton: Princeton University Press.

Winsberg, Eric B. 2010. *Science in the Age of Computer Simulation*. Chicago: University of Chicago Press.

Yates, JoAnne. 1993. "Co-evolution of information-processing technology and use: Interaction between the life insurance and tabulating industries." *Business History Review*, 67, No. 1: 1-51. DOI: 10.2307/3117467.

Yates, JoAnne. 2000. "Business use of information and technology during the industrial age." In *Nation Transformed by Information: How Information Has Shaped the United States from Colonial Times to the Present*, edited by Alfred Dupont Chandler and James W. Cortada, 107-36. New York: Oxford University Press.

Yood, Charles N. 2013. *Hybrid Zone: Computers and Science At Argonne National Laboratory, 1946-1992*. Chestnut Hill, MA: Docent Press.

Zhang, Tian, Raghu Ramakrishnan, and Miron Livny. 1996. "BIRCH: An efficient data clustering method for very large databases." In *Proceedings of the* 1996 *ACM SIGMOD International Conference on Management of Data, Montreal, Quebec, Canada, June* 4-6, 1996, edited by H. V. Jagadish and Inderpal Singh Mumick, 103-14. New York: ACM Press.

第四章

Appel, Toby. 2000. *Shaping Biology: The National Science Foundation and American Biological Research, 1945-1975*. Baltimore: Johns Hopkins University Press.

Asma, Stephen, T. 2001. *Stuffed Animals and Pickled Heads: The Culture and Evolution of Natural History Museums*. Oxford: Oxford University Press.

Chakrabarty, Prosanta. 2014. "Collecting organisms to save their species." http://www.southernfriedscience.com/? p=16957 [Accessed September 29, 2015].

Conniff, Richard. 2014. "Should scientists be killing species they thought were extinct?" http://www.takepart.com/article/2014/04/16/when-should-scientists-kill-extinct-species [Accessed September 29, 2015].

Constable, Heather, Robert Guralnick, John Wieczorek, Carol Spencer, and A. Townsend Peterson. 2010. "VertNet: A new model for biodiversity data sharing." *PLOS Biology*, 8, No. 2: e1000309. DOI: 10.1371/journal.pbio.1000309.

Endersby, Jim. 2008. *Imperial Nature: Joseph Hooker and the Practices of Victorian Science*. Chicago: University of Chicago Press.

Fan, Fa-ti. 2003. "Victorian naturalists in China: Science and informal empire." *The British Journal for the History of Science*, 36: 1-26.

Farber, Paul L. 2000 *Finding Order in Nature: The Naturalist Tradition from Linnaeus to E. O. Wilson*. Baltimore: John Hopkins University Press.

Findlen, Paula. 1994. *Possessing Nature: Museums, Collecting, and Scientific Culture in Early Modern Italy*. Berkeley: University of California Press.

Gerson, Elihu M. 1998. "The American system of research: Evolutionary biology, 1890-1950." PhD thesis, University of Chicago.

Griesemer, James R. 1990. "Modeling in the museum: On the role of remnant models in the work of Joseph Grinnell." *Biology and Philosophy*, 5: 3-36.

Griesemer, James R. 1991. "Material models in biology." In *PSA* 1990, v. 2, edited by A. Fine, M. Forbes, and L. Wessels, 79-93. East Lansing, MI: Philosophy of Science Association. Griesemer, James R., and Elihu M. Gerson. 1993. "Collaboration in the Museum of Vertebrate Zoology." *Journal of the History of Biology*, 26: 185-204.

Grinnell, Joseph. 1910. "The methods and uses of a research museum." *Popular Science Monthly*, 77: 163-9.

Grinnell, Joseph. 1914a. "The Colorado River as a hindrance to the dispersal of species." Selection from "An account of the mammals and birds of the Lower Colorado Valley with especial reference to the distributional problems presented." *University of California Publications in Zoology*, 12: 51-294, on 100-7. As reprinted in Grinnell 1943, 1968, 47-55.

Grinnell, Joseph. 1914b. "Barriers to distribution as regards birds and mammals." *The American Naturalist*, 48: 248-54. As reprinted in Grinnell 1943, 1968, 57-63.

Grinnell, Joseph. 1919. "The English sparrow has arrived in Death Valley: An experiment in nature." *The American Naturalist*, 53: 468-72. As reprinted in Grinnell 1943, 1968, 89-94.

Grinnell, Joseph. 1943, 1968. *Joseph Grinnell's Philosophy of Nature: Selected Writings of a Western Naturalist*. Berkeley: University of California Press.

Gropp, Robert E. 2003. "Are university natural science collections going extinct?" *Bio Science*, 53: 550.

Jackson, Morgan. 2014. Tweet. April 21. https://twitter.com/BioInFocus.

Jardine, Nicholas, James A. Secord, and Emma C. Spary (eds.) 1996. *Cultures of Natural History*. Cambridge: Cambridge University Press.

Jasanoff, Maya. 2004. "Collectors of empire: Objects, conquests and imperial self-fashioning." *Past & Present*, 184: 109-35.

Kohler, Robert E. 2006. *All Creatures: Naturalists, Collectors, and Biodiversity, 1850-1950*. Princeton, NJ: Princeton University Press.

Kohler, Robert. 2007. "Finders, keepers: Collecting sciences and collecting practice." *History of Science*, 45: 428-54.

Kohlstedt, Sally Gregory. 1988. "Curiosities and cabinets: Natural history museums and education on the antebellum campus." *Isis*, 79: 405-26.

Kohlstedt, Sally Gregory. 1995. "Museums: Revisiting sites in the history of the natural sciences." *Journal of the History of Biology*, 28: 151-66.

Lane, Meredith A. 1996. "Roles of natural history collections." *Annals of the Missouri Botanical Gardens*, 83: 536-45.

Miller, Alden H. 1964. "Joseph Grinnell." *Systematic Zoology*, 13: 235-42.

Minteer, Ben, A., James P. Collins, Karen E. Love, and Robert Puschendorf. 2014. "Avoiding (Re) extinction." *Science*, 344: 260-1.

Müller-Wille, Staffan. 2006. "Linnaeus's herbarium cabinet: A piece of furniture and its function." *Endeavour*, 30: 60-4.

Müller-Wille, Staffan. 2007. "Collection and collation: Theory and practice of Linnaean botany." *Studies in the History and Philosophy of Biological and Biomedical Sciences*, 38: 541-62.

Nyhart, Lynne K. 2009. *Modern Nature: The Rise of the Biological Perspective in Germany*.

Chicago: Chicago University Press.

Ogilvie, Brian W. 2006. *The Science of Describing: Natural History in Renaissance Europe*. Chicago: University of Chicago Press.

Outram, Dorinda. 1996. "New spaces in natural history." In *Cultures of Natural History*, edited by Nicholas Jardine, James A. Secord, and Emma C. Spary, 249-65. Cambridge: Cambridge University Press.

Pauly, Philip J. 2000. *Biologists and the Promise of American Life: From Meriwether Lewis to Alfred Kinsey*. Princeton, NJ: Princeton University Press.

Pickstone, JohnV. 1994. "Museological science? The place of the analytical/comparative in nineteenth-century science, technology and medicine." *History of Science*, 32: 111-38.

Pyke, Graham H., and Paul R. Ehrlich. 2010. "Biological collections and ecologi-cal/environmental research: A review, some observations and a look to the future." *Biological Reviews*, 85: 247-66.

Rader, Karen A., and Victoria E. M. Cain. 2008. "From natural history to science: Display and the transformation of American museums of science and nature." *Museum and Society*, 6: 152-71.

Secord, James A. 1996. "The crisis of nature." In*Cultures of Natural History*, edited by Nicholas Jardine, Jim A. Secord, and Emma C. Spary, 447-59. Cambridge: Cambridge University Press.

Sepkoski, David. 2013. "Towards 'a natural history of data': Evolving practices and epistemologies of data in paleontology, 1900-2000." *Journal of the History of Biology*, 46: 401-44. DOI: 10. 1007/s10739-012-9336-6.

Shavit, Ayelet, and James Griesemer. 2009. "Transforming objects into data: How minute technicalities of recording 'species location' entrench a basic challenge for biodiversity." In *Science in the Context of Application*, edited by M. Carrier and A. Nordmann, 169-93. Boston Studies in the Philosophy of Science 274. DOI: 10. 1007/978-90

-481-9051-5_12

Smocovitis, Vassiliki B. 1992. "Unifying biology: The evolutionary synthesis and evolutionary biology." *Journal of the History of Biology*, 25: 1-65.

Smocovitis, Vassiliki B. 1996. *Unifying Biology: The Evolutionary Synthesis and Evolutionary Biology*. Princeton, NJ: Princeton University Press.

Star, Susan Leigh, and James R. Griesemer. 1989. "Institutionalecology, 'translations' and boundary objects: Amateurs and professionals in Berkeley's Museum of Vertebrate Zoology, 1907-1939." *Social Studies of Science*, 19: 387-420.

Stein, Barbara R. 2001. *On Her Own Terms: Annie Montague Alexander and the Rise of Science in the American West*. Berkeley: University of California Press.

Strasser, Bruno J. 2012. "Collecting nature: Practices, styles, and narratives." *Osiris*, 27: 303-40.

Suarez, Andrew V., and Neil D. Tsutsui. 2004. "The value of museum collections for research and society." *BioScience*, 54: 66-74.

Sunderland, Mary E. 2012. "Collections-based research at Berkeley's Museum of Vertebrate Zoology." *Historical Studies in the Natural Sciences*, 42: 83-113.

Sunderland, Mary E. 2013a. "Teaching natural history at the Museum of Vertebrate Zoology." *British Journal for the History of Science*, 46: 97-121. DOI: 10.1017/S0007087411000872. Sunderland, Mary E. 2013b. "Modernizing natural history: Berkeley's Museum of Vertebrate Zoology in transition." *Journal of the History of Biology*, 46: 369-400.

Sunderland, Mary E. 2013c. "Computerizing natural history collections." *Endeavour*, 37: 150- 61.

Sunderland, Mary E., Karen Klitz, and Kristine Yoshihara. 2012. "Doing natural history." *Bio-Science*, 62: 824-9.

Tewksbury, Joshua J., John G. T. Anderson, Jonathan D. Bakker, Timothy J. Billo, Peter W. Dunwiddie, Martha J. Groom, et al. 2014. "Natural history's place in science and society." *BioScience*, 64: 300-10.

University of Alaska Museum Department of Ornithology. 2014. "(Re)affirming the specimen gold standard." http://www.universityofalaskamuseumbirds.org/reaffirming-the-pecimen-gold-standard/ [Accessed September 29, 2015].

Wheeler, Terry A. 2014. "A fruit fly is not a mammal, and other revelations from the museum." http://lymanmuseum.wordpress.com/2014/04/18/a-fruit-fly-is-not-a-mammal-and-other-revelations-from-the-museum/ [Accessed September 29, 2015].

Wilson, Edward O. 1994. *Naturalist*. Washington, DC: Island Press.

Winsor, Mary P. 1991. *Reading the Shape of Nature: Comparative Zoology at the Agassiz Museum*. Chicago: University of Chicago Press.

Winsor, Mary P. 2006a. "Linnaeus's biology was not essentialist." *Annals of the Missouri Botanical Garden*, 93: 2-7.

Winsor, Mary P. 2006b. "The creation of the essentialism story: An exercise in metahistory." *History and Philosophy of the Life Sciences*, 28: 149-74.

Winsor, Mary P. 2009. "Taxonomy was the foundation of Darwin's evolution." *Taxon*, 58: 43-9.

第五章

Anon. 1878. "Communications 1. Sur l'importance au point de vue medical des signes ext é rieurs des fonctions de la vie." *Bulletin de l'Académie de Médecine*, 7: 610-26.

Anon. 1909. "LaThéorie de la physique chez les physiciens contemporains." *Bulletin de la Société française de philosophie*, 9: 161-91.

Adorno, Theodor. 1981. *In Search of Wagner*. New York: Schocken Books.

Baudry, Jean-Louis. [1970] 1999. "Ideological effects of the basic cinematographic apparatus." In *Film Theory and Criticism*, edited by L. Braudy and M. Cohen, 345-55. Oxford: Oxford University Press.

Benjamin, Walter. 1968. *The Work of Art in the Age of Mechanical Reproduction. Illuminations*, edited by H. Arendt, 217-51. New York: Schocken.

Brain, Robert M. 1996. "The Graphic Method: Inscription, visualization and measurement in nineteenth-century science and culture." Ph. D. Thesis, University of California Los Angeles.

Callon, Michel. 1999. "Whose imposture? Physicists at war with the third person." *Social Studies of Science*, 29, No. 2: 261-86.

Canales, Jimena. 2009. *A Tenth of a Second: A History*. Chicago: Chicago University Press.

Canales, Jimena. 2014. "Living color: Jimena Canales on the art of Eliot Porter." *Artforum*, 53, No. 1: 334-41.

Canales, Jimena. 2015. *The Physicist and the Philosopher: Einstein, Bergson and the Debate That Changed Our Understanding of Time*. Princeton, NJ: Princeton Press.

Carpentier, J. 1910. "M. J. Carpentierprésente à l'Académie le Chronophone Gaumont." *Comptes rendus de l'Académie des sciences*, 151: 1324-5.

Chauvois, Louis. 1937. *D'Arsonval Soixante-cinq ans à travers la Science*. Paris: J. Oliven.

Danto, Arthur C. 1965. *Analytical Philosophy of History*. Cambridge: Cambridge University Press.

Daston, Lorraine, and Peter Galison. 2007. *Objectivity*. New York: Zone Books.

Deleuze, Gilles, and Félix Guattari. 1994. *What Is Philosophy?* New York: Columbia University Press.

Derrida, Jacques. 1983. "Excuse me, but I never said exactly so: Yet another Derridean interview." *On The Beach*, 1 (August): 42-3. http://www.egs.edu/faculty/jacques-derrida/articles/excuse-me-but-i-never-said-exactly-so/ Accessed September 28, 2015.

Eddington, Arthur Stanley. [1928] 1935. *The Nature of the Physical World*. London: J. M. Dent.

Fouque, Victor. 1973. *The Truth Concerning the Invention of Photography: Nicéphore Niépce, His Life, Letters, and Works*. New York: Arno Press.

Frank, Philipp. 1948/1949. "Logical empiricism I: The Problem of physical reality." *Synthese*, 7, No. 6-B: 458-65.

Galassi, Peter. 1981. *Before Photography: Painting and the Invention of Photography*. New York: The Museum of Modern Art.

Gavarret. 1878. "Observations à l'ocassion du procès-verbal. III. Méthode Graphique." *Bulletin de l'Académie de Médecine*, 7: 759-69.

Gooday, Graeme J. N. 2004. *The Morals of Measurement: Accuracy, Irony and Trust in Late Victorian Electrical Practice*. Cambridge: Cambridge University Press.

Heidegger, Martin. [1950] 2009. "The Thing." In *The Craft Reader*, edited by Glenn Adamson, 404-8. London: Bloomsbury Publishing.

Janssen, Jules. 1930. "En l'honneur de la photographie: Discours prononcé au Banquet annuel de la Société Française de la photographie, juin 1888." In *Oeuvres scientifiques recueillies et publiées par Henri Dehérain*, edited by Henri Dehérain, 86-90. Paris: Société d' Éditions Géographiques, Maritimes et Coloniales.

Kittler, Friedrich A. 1999. *Gramophone, Film, Typewriter*, Stanford, CA: Stanford University Press.

Krajewski, Markus. 2010. *Der Diener: Mediengeschichte einer Figur zwischen König und Klient*. Frankfurt am Main: S. Fischer.

Langer, Susanne K. [1942] 1951. *Philosophy in a New Key*. Cambridge, MA: Harvard University Press.

Laruelle, François. 2011. *Le Concept de non-photographie*. Falmouth: Urbanomic; Sequence Press.

Latour, Bruno, and SteveWoolgar. 1986. *Laboratory Life: The Construction of Scientific Facts*. Princeton, NJ: Princeton University Press.

Marey, Etienne-Jules. 1878. *La méthode graphique dans les sciences expérimentales et principalement en physiologie et en médecine*. Paris: G. Masson.

McLuhan, Marshall. 1964. *Understanding Media: The Extensions of Man*. New York: McGraw-Hill.

Rheinberger, Hans-Jo¨rg. 1997. *Toward a History of Epistemic Things: Synthesizing Proteins in the Test Tube*. Stanford, CA: Stanford University Press.

Roberts, Lissa. 2005. "The Death of the Sensuous Chemist: The 'New' Chemistry and the Transformation of Sensuous Technology." In *The Empire of the Senses*, edited by D. Howes, 106-127. Oxford: Berg.

Russell, Bertrand. 1918. *Mysticism and Logic*. New York, Longmans, Green and Co.

Russell, Bertrand. 1925. *The ABC of Relativity*. New York: Harper.

Schaffer, Simon. 1988. "Astronomers mark time: Discipline and the Personal Equation." *Science in Context*, 2: 115-45.

Scripture, Edward Wheeler. 1895. *Thinking, Feeling, Doing*. Meadville, PA: Chautauqua Century Press.

Sterne, Jonathan. 2003. *The Audible Past: Cultural Origins of Sound Reproduction*. Durham, NC: Duke University Press.

Trachtenberg, Alan (ed.) 1980. *Classic Essays on Photography*. New Haven, CT: Leete's Island Books.

Trouvelot, Étienne Léopold. 1882. *The Trouvelot Astronomical Drawings Manual*. New York: C. Scribner's Sons.

Wolf, Charles. 1875. "Conférence sur les applications de la photographie à l'astronomie et en particulier à l'observation du passage de Vénus." *Bulletin de la Société Française de Photographie*, 21 (8 January): 16–28.

第六章

Altick, Richard D. 1978. *The Shows of London*. Cambridge, MA: Belknap Press.

Bennett, Jim A. 1986. "The mechanics' philosophy and the mechanical philosophy." *History of Science*, 24, No. 1: 1–28. DOI: 10.1177/007327538602400101

Bennett, Jim A. 2011. "Early modern mathematical instruments." *Isis*, 102, No. 4: 697–705. DOI: 10.1086/663607

Bracegirdle, Brian. 1977. "J. J. Lister and the establishment of histology." *Medical History*, 21: 187–91. DOI: 10.1017/S0025727300037716

Bradbury, Savile. 1967. *The Evolution of the Microscope*. Oxford: Pergamon Press.

Butler, Stella, R. H. Nuttall, and Olivia Brown. 1991. *The Social History of the Microscope*. Cambridge: Whipple Museum of the History of Science.

Clay, Reginald S., and Thomas S. Court. 1932. *The History of the Microscope: Compiled from Original Instruments and Documents, up to the Introduction of the Achromatic Microscope*. London: Charles Griffin.

Edgerton, David. 2007. *The Shock of the Old: Technology and Global History since* 1900. Oxford: Oxford University Press.

Fournier, Marian. 1996. *The Fabric of Life: Microscopy in the Seventeenth Century*. Baltimore: Johns Hopkins University Press.

Gooday, Graeme. 1991. "'Nature' in the laboratory: Domestication and discipline with the microscope in Victorian life science." *British Journal for the History of Science*, 24, No. 3: 307–41. DOI: 10.1017/S0007087400027382

Hooke, Robert. 1665. *Micrographia: Tabled & Illustrated*. London.

Jardine, Boris. 2009. "Between the*Beagle* and the barnacle: Darwin's microscopy, 1837–1854." *Studies in History and Philosophy of Science*, 40, No. 4: 382–95. DOI: 10.1016/j.shpsa.2009.10.007

Lüthy, Christoph H. 1996. "Atomism, Lynceus, and the fate of seventeenth-century microscopy." *Early Science and Medicine*, 1, No. 1: 1–27. DOI: 10.1163/157338296X00097

Nicolson, Marjorie. 1956. *Science and Imagination*. Ithaca, NY: Great Seal Books.

Pickstone, John V. 1973. "Globules and coagula: Concepts of tissue formation in the early nineteenth century." *Journal of the History of Medicine*, 28, No. 4: 336–56. DOI: 10.1093/jhmas/XXVIII.4.336

Ratcliff, Marc. 2009. *The Quest for the Invisible: Microscopy in the Enlightenment*. Farnham: Ashgate.

Ronchi, Vasco. 1970. *The Nature of Light: An Historical Survey*. London: Heinemann.

Ruestow, Edward. 1996. *The Microscope in the Dutch Republic: The Shaping of Discovery*. Cambridge: Cambridge University Press.

Ruiz-Castell, Pedro. 2006. "An instrument from communist Europe in Franco's Spain." In *East and West: The Common European Heritage, Book of Abstracts of the XXV Scientific Instrument Symposium*, 59-64. Krakow: Jagiellonian University Museum.

Schickore, Jutta. 2007. *The Microscope and the Eye: A History of Reflections*. Chicago: University of Chicago Press.

Schickore, Jutta. 2009a. "Error as historiographical challenge: The infamous Globule Hypothesis." In *Going Amiss in Experimental Research*, edited by Giora Hon, Jutta Schickore, and Friedrich Steinle, 27-45. Dordrecht: Springer. DOI: 10.1007/978-1-4020-8893-3_3

Schickore, Jutta. 2009b. "Test objects for microscopes." *History of Science*, 47: 117-45. DOI: 10.1177/007327530904700201

Taub, Liba. 1999. "Heroes of microscopy and museology." *Studies in History and Philosophy of Science*, 30, No. 4: 729-44. DOI: 10.1016/S0039-3681(99)00024-2

Turner, Gerard L'E. 1980. *Essays on the History of the Microscope*. Oxford: Senecio.

Turner, Gerard L'E. 1985. "Animadversions on the origins of the microscope." In *The Light of Nature: Essays in the History and Philosophy of Science presented to A. C. Crombie*, edited by J. D. North and J. J. Roche, 193-207. Dordrecht: Nijhoff.

Wilson, Catherine. 1995. *The Invisible World: Early Modern Philosophy and the Invention of the Microscope*. Princeton, NJ: Princeton University Press.

Wilson, James. 1702. "The description and manner of using a late invented set of small pocket microscopes[...]." *Philosophical Transactions*, 23, No. 281: 1241-7.

第七章

Bennett, J. A. 1976. "'On the power of penetrating into space': The telescopes of William Herschel." *Journal for the History of Astronomy*, 7: 75-108.

Brandl, Bernhard R., Remko Stuik, and J. K. Katgert-Merkelijn (eds.) 2010. *400 Years of Astronomical Telescopes*. Berlin: Springer.

Gee, Brian. 2014. *Francis Watkins and the Dollond Telescope Patent Controversy*. Aldershot: Ashgate.

King, Henry C. 1979. *The History of the Telescope*. New York: Dover.

Mollan, Charles (ed.) 2014. *William Parsons, 3rd Earl of Rosse*. Manchester: Manchester University Press.

Morrison-Low, Alison D., Sven Dupré, Stephen Johnston, and Giorgio Strano (eds.) 2012. *From Earth-Bound to Satellite: Telescopes, Skills and Networks*. Leiden: Brill.

Rosen, Edward. 1947. *The Naming of the Telescope*. New York: H. Schuman

Sorrenson, Richard. 2013. *Perfect Mechanics*. Boston, MA: Docent Press.

Van Helden, Albert, Sven Dupré, Rob van Gent, and Huib Zuidervaart (eds.) 2010. *The Origins of the Telescope*. Amsterdam: KNAW Press.

第八章

Ames, J. S. 1900. *Prismatic and Diffraction Spectra*. Edited and translated by J. S. Ames. New York: Harper. Reprinted in J. S. Ames, 1981. *The Wave Theory, Light and Spectra*. New York: Arno.

Baly, E. C. C. 1st edition 1905; 3rd edition 1929 in 4 vols. *Spectroscopy*, London: Longmans, Green & Co.

Becker, Barbara Jean. 2011. *Unravelling Starlight: William and Margaret Huggins and the Rise of the New Astronomy.* Cambridge: Cambridge University Press.

Brand, John C. D. 1995. *Lines of Light. The Sources of Dispersive Spectroscopy 1800–1930.* Luxembourg: Gordon & Breach.

Bud, Robert, and Deborah Jean Warner (eds.) 1998. *Instruments of Science: An Historical Encyclopedia*. New York: Garland.

Bunsen, Robert Wilhelm. 1904. *Gesammelte Abhandlungen*. Edited by Wilhelm Ostwald and Max Bodenstein, 3 vols. (esp. vol. 3 on spectroscopy). Leipzig: Engelmann.

Fraunhofer, Joseph von. 1888. *Gesammelte Schriften*. Munich: Akademie in Kommission Franz. Gjertsen, Derek. 1986. *The Newton Handbook*. London: Routledge & Kegan Paul.

Harrison, George R. 1973. "The diffraction grating: An opinionated appraisal." *Applied Optics*, 12: 2039–49. DOI: 10.1364/AO.12.0020392.

Hearnshaw, John B. 1986. *The Analysis of Starlight: 150 Years of Astronomical Spectroscopy.* Cambridge: Cambridge University Press.

Hearnshaw, John B. 2009. *Astronomical Spectrographs and their History*. Cambridge: Cambridge University Press.

Hennig, Jochen. 2003. *Der Spektralapparat Kirchhoffs und Bunsens*. Berlin: GNT-Verlag.

Henry, Richard C., and David H. DeVorkin. 1986. "Henry Rowland and astronomical spectroscopy: Celebration of the 100th anniversary of Henry Rowland's introduction of the concave diffraction grating." *Vistas in Astronomy*, 29, No. 2: 119–236.

Hentschel, Klaus. 1993. "The discovery of the redshift of solar spectral lines by Rowland and Jewell in Baltimore around 1890." *Historical Studies in the Physical and Biological Sciences*, 23, No. 2: 219–77.

Hentschel, Klaus. 1997. *The Einstein Tower: An Intertexture of Dynamic Construction, Relativity Theory, and Astronomy*. Stanford, CA: Stanford University Press.

Hentschel, Klaus. 1998. *Zum Zusammenspiel von Instrument, Experiment und Theorie*. Hamburg: Verlag Dr. Kovač.

Hentschel, Klaus. 2002a. *Mapping the Spectrum: Techniques of Representation in Research and Teaching*. Oxford: Oxford University Press.

Hentschel, Klaus. 2002b. "Why not one more imponderable? John William Draper and his ‘Tithonic’ rays”. *Foundations of Chemistry* , 4, No. 1: 5-59.

Hufbauer, Karl. 1991. *Exploring the Sun: Solar Science since Galileo.* Baltimore: Johns Hopkins University Press.

Huggins, William. 1909. *The Scientific Papers* , edited by Lady Margaret Huggins. London: Wesley.

Jackson, Myles. 2000. *Spectrum of Belief: Joseph von Fraunhofer and the Craft of Precision Optics.* Cambridge, MA: MIT Press.

Kayser, Heinrich. 1900f. *Handbuch der Spektroscopie* , esp. vol. 1. Leipzig: Hirzel.

Lankford, John. 1997. *American Astronomy: Community, Careers, and Power, 1859-1940.* Chicago: University of Chicago Press.

McGucken, William. 1969. *Nineteenth-Century Spectroscopy: Development of the Understanding of Spectra 1802-1897.* Baltimore: Johns Hopkins University Press.

Meadows, Arthur Jack. 1972. *Science and Controversy: A Biography of Sir Norman Lockyer* . London: Macmillan.

Newton, Isaac. 1672. “New theory of light and colours.” *Philosophical Transactions of the Royal Society*, 7: 5004-7. Reprinted with commentary in I. B. Cohen and Robert Schofield (eds.) 1958. *Isaac Newton's Papers and Letters on Natural Philosophy and Related Documents* . Cambridge, MA: Harvard University Press.

Newton, Isaac. 1707 [1979]. *Opticks* (1st edition. 1704), reprint of the 4th edition. London 1730. New York: Dover.

Newton, Isaac. 1984. *Optical Papers* . Edited by Alan Shapiro. Cambridge: Cambridge University Press.

Palmer, Christopher. 2005. *Diffraction Grating Handbook* . 6th edition. Rochester, NY: Newport.

Rohr, Moritz von. 1929. *Fraunhofers Leben, Leistung und Wirksamkeit* . Leipzig: Akademische Verlagsgesellschaft.

Roscoe, Henry E. 1869. *Spectrum Analysis. Six Lectures Delivered in 1868.* London: Macmillan.

Rowland, H. A. 1902. *The Physical Papers of Henry August Rowland* . Baltimore: Johns Hopkins University Press.

Schaffer, Simon. 1989. “Glass works.” In *The Uses of Experiment* , edited by David Gooding, Trevor Pinch, and Simon Schaffer, 64-104. Cambridge: Cambridge University Press.

Schellen, Heinrich. 1870 1st edition; 1871 2nd edition. *Die Spektralanalyse in ihrer Anwendung auf die Stoffe der Erde und die Natur der Himmelsko¨rper* . Braunschweig: Westermann. (English translation by C. Lasell, 1872. *Spectrum Analysis in its Applications to Terrestrial Substances, and the Physical Constitution of the Heavenly Bodies* . London: Longman).

Secchi, Angelo. 1870. *Le Soleil* . Paris: Gauthier-Villars.

Shapiro, Alan. 1996. “The gradual acceptance of Newton's theory of light and color, 1672-1722.” *Perspectives on Science* , 4: 59-140.

Stokes, George Gabriel. 1860. "On the simultaneous emission and absorption of rays of the same definite refrangibility." *Philosophical Magazine (4th ser.)*, 19: 193-7.

Sweetnam, George Kean. 2000. *The Command of Light: Rowland's School of Physics and the Spectrum*. Philadelphia, PA: American Philosophical Society.

Turner, Gérard L'Estrange, and S. Bradbury. 1966. "An electron microscopical examination of Nobert's finest test-plate of twenty bands." *Journal of the Royal Microscopical Society*, 85: 435-47.

Warner, Deborah. 1986. "Rowland's gratings: Contemporary technology." *Vistas in Astronomy*, 29: 125-30.

Wright, Helen. 1966. *Explorer of the Universe: A Biography of George Ellery Hale*. New York: Dutton.

第九章

Akerman, James R. 1995. "From books with maps to books as maps: The editor in the creation of the Atlas idea." In *Editing Early and Historical Atlases*, edited by Joan Winearls, 3-48. Toronto: University of Toronto Press.

Ashworth, William J. 1994. "The calculating eye: Baily, Herschel, Babbage and the business of astronomy." *British Journal for the History of Science*, 27: 409-41.

Aubin, David. 2014. "'I'm just a mathematician:' Why and how mathematicians collaborated with military ballisticians at Gâvre." In *The War of Guns and Mathematics: Mathematical Practices and Communities in France and its Western Allies around World War I*, edited by David Aubin and Catherine Goldstein, 307-50. Providence, RI: American Mathematical Society.

Batt, Noëlle (ed.) 2005. *Penser par le Diagramme de Gilles Deleuze à Gilles Châtelet.* (*Théorie. Littérature. Enseignement* 22). Saint-Denis: Presses Universitaires de Vincennes.

Bauer, Matthias, and Christoph Ernst. 2010. *Diagrammatik: Einführung in ein kulturund medienwissenschaftliches Forschungsfeld.* Bielefeld: Transcript Verlag.

Bender, John, and Michael Marrinan. 2010. *The Culture of Diagram.* Stanford, CA: Stanford University Press.

Besse, Jean-Marc. 2008. "Cartographie etpenseé visuelle. Réflexions sur la schématisation graphique." In *Les usages des cartes (XVIIe-XIXe siècle). Pour une approche pragmatique des productions cartographiques*, edited by Isabelle Laboulais, 19-32. Strasbourg: Presses Universitaires de Strasbourg.

Bigg, Charlotte. 2011. "A visual history of Jean Perrin's Brownian motion curves." In *Histories of Scientific Observation*, edited by Lorraine Daston and Elisabeth Lunbeck, 156-79. Chicago: Chicago University Press.

Bissell, Chris C. 2004. "Models and 'black boxes': Mathematics as an enabling technology in the history of communications and control engineering." *Revue d'Histoire des Sciences*, 57, No. 2: 305-38.

Blair, Ann. 2010. *Too Much to Know: Managing Scholarly Information before the Modern*

Age. New Haven, CT: Yale University Press.

Blair, Ann, and RichardYeo (eds.) 2010. *Note-taking in Early Modern Europe*. Special issue of *Intellectual History Review* 20, No. 3: 1-177.

Bogen, Steffen, and Felix Thürlemann. 2003. "Jenseits der Opposition von Text und Bild: Überlegungen zu einer Theorie des Diagramms und des Diagrammatischen." In *Die Bildwelt der Diagramme Joachims von Fiore. Zur Medialität religiös-politischer Programme im Mittelalter*, edited by Alexander Patschovsky, 1-22. Ostfildern: Jan Thorbecke Verlag.

Boistel, Guy. 2010. "Training seafarers in astronomy: Methods, naval schools and naval observatories in eighteenth - and nineteenth - century France." In *The Heavens on Earth: Observatories and Astronomy in Nineteenth-Century Science and Culture*, edited by David Aubin, Charlotte Bigg, and Otto Sibum, 148-73. Durham, NC: Duke University Press.

Börner, Katy. 2015. *Atlas of Knowledge: Anyone Can Map*. Cambridge, MA: MIT Press.

Bureau des Longitudes. 1869. *Annuaire pour l'an* 1869. Paris: Gauthier-Villars.

Campbell-Kelly, Martin, Mary Croaken, Raymond Flood, and Eleanor Robson. 2003. *The History of Mathematical Tables from Sumer to Spreadsheets.* Oxford: Oxford University Press.

Charles, Löıc, and Yann Giraud. 2013. "Economics for the masses: The visual display of economic knowledge in the United States (1910-45)." *History of Political Economy*, 45, No. 4: 567-612.

Coopmans, Catelijne, Janet Vertesi, Michael Lynch, and Steve Woolgar. 2014. *Representation in Scientific Practice Revisited*. Cambridge, MA: MIT Press.

Csiszar, Alex. 2010. "Seriality and the search for order: Scientific print and its problems during the late nineteenth century." *History of Science*, 48, Nos. 3-4: 399-434.

Didi-Huberman, Georges. 2011. *Atlas ou le gai savoir inquiet*. Paris: Editions de Minuit.

Eddy, Matthew Daniel. 2014. "How to see a diagram: A visual anthropology of visual affinity." *Osiris*, 29: 178-96.

Ernst, Christoph, Jan Wöpking, and Birgit Schneider (eds.) 2015. *Diagrammatik: Ein interdisziplinärer Reader*. Berlin: Akademie Verlag.

Funkhouser, H. Gray. 1937. "Historical development of the graphical representation of statistical data." *Osiris*, 3: 269-404.

Gitelman, Lisa. 2014. *Paper Knowledge: Toward a Media History of Documents*. Durham, NC: Duke University Press.

Hacking, Ian. 1990. *The Taming of Chance*. Cambridge: Cambridge University Press.

Hankins, Thomas L. 1999. "Blood, dirt, and nomograms: A particular history of graphs." *Isis*, 90: 50-80.

Hankins, Thomas L. 2006. "A 'large and graceful sinuosity': John Herschel's graphical method." *Isis*, 97: 605-33.

Harley, John Brian. 1987. "The map and the development of the history of cartography."

In *The History of Cartography. Volume* 1: *Cartography in Prehistoric Ancient, and Medieval Europe and the Mediterranean*, edited by John Brian Harley and David Woodward, 1-42. Chicago: Chicago University Press.

Harley, John Brian. 2001. *The New Nature of Maps. Essays in the History of Cartography.* Baltimore: Johns Hopkins University Press.

Heßler, Martina, and Dieter Mersch. 2009. *Logik des Bildlichen: Zur Kritik der ikonischen Vernunft.* Bielefeld: Transcript Verlag.

Holmes Frederic L., and Kathryn M. Olesko. 1995. "The images of precision: Helmholtz and the graphical method in physiology." In *The Values of Precision*, edited by M. Norton Wise, 198-221. Princeton, NJ: Princeton University Press.

Ingold, Tim. 2007. *Lines: A Brief History.* London: Routledge.

Jacob, Christian (ed.) 2011. *Lieux de Savoir* 2: *Les Mains de l'Intellect.* Paris: Albin Michel.

Jardine, Nicholas, and Isla Fay (eds.) 2014. *Observing the World through Images: Diagrams and Figures in the early modern Arts and Sciences.* Leiden: Brill.

Jones-Imhotep, Edward. 2008. "Icons and electronics." *Historical Studies in the Natural Sciences*, 38, No. 3: 405-50.

Kaiser, David. 2005. *Drawing Theories Apart: The Dispersion of Feynman Diagrams in Postwar Physics.* Chicago: University of Chicago Press.

Klein, Judy L. 1997. *Statistical Visions in Time: A History of Time Series Analysis*, 1662-1938. Cambridge: Cambridge University Press.

Klein, Ursula. 2001. "The creative power of paper tools in early nineteenth-century chemistry." In *Tools and Modes of Representation in the Laboratory Sciences*, edited by Ursula Klein, 13-34. Dordrecht: Kluwer.

Klein, Ursula. 2003. *Experiments, Models, Paper Tools: Cultures of Organic Chemistry in the Nineteenth Century.* Stanford, CA: Stanford University Press.

Krämer, Sybille. 2009. "Operative Bildlichkeit: Von der 'Grammatologie' zu einer 'Diagrammatologie'? Reflexionen über erkennendes 'Sehen'." In *Logik des Bildlichen: Zur Kritik der ikonischen Vernunft*, edited by Martina Heßler and Dieter Mersch, 94-122. Bielefeld: Transcript Verlag.

Krämer Sybille. 2010a. "'The mind's eye': Visualizing the non-visual and the 'Epistemology of the Line'." In: *Image and Imaging in Philosophy, Science, and the Arts. Preproceedings of the* 33*rd International Wittgenstein Symposium* 2, edited by Elisabeth Nemeth, Richard Heinrich, and Wolfram Pichler, 275-95. Kirchberg am Wechsel: Austrian Ludwig Wittgenstein Society.

Krämer Sybille. 2010b. "'Epistemology of the Line': Reflections on the diagrammatical mind." In *Studies in Diagrammatology and Diagram Praxis.* (= *Logic and Cognitive Systems*, *Studies in Logic* 24), edited by Olga Pombo and Alexander Gerner, 13-39. London: College Publications.

Kruja, Eriola, Joe Marks, Ann Blair, and Richard Waters. 2002. "A short note on the history of graph drawing." *Proceedings of the 9th International Symposium on Graph*

Drawing, *GD* 2001 (*Springer Lecture Notes in Computer Science*, Vol. 2265): 272–86.

Kusukawa, Sachiko, and Ian Maclean (eds.) 2006. *Transmitting Knowledge: Words, Images, and Instruments in Early Modern Europe*. Oxford: Oxford University Press.

Latour, Bruno. 1990. "Drawing things together." In*Representation in Scientific Practice*, edited by Michael Lynch and Steve Woolgar, 19–68. Cambridge, MA: MIT Press.

Latour, Bruno. 1999. *Pandora's Hope: Essays on the Reality of Science Studies*. Cambridge, MA: Harvard University Press.

Lefèvre, Wolfgang, Jürgen Renn, and Urs Schöpflin. 2003. *The Power of Images in Early Modern Science*. Basel: Birkhäuser.

Lüthy, Christoph, and Alexis Smets. 2009. "Words, lines, diagrams, images: Towards a History of scientific imagery." *Early Science and Medicine*, 14: 398–439.

Maas, Harro. 2012. "The photographic lens: Graphs and the changing practices of Victorian economists." In *The Victorian World*, edited by Martin Hewitt, 500–518. London: Routledge.

Mancosu, Paolo. 2005. "Visualization in Logic and Mathematics." In*Visualization, Explanation and Reasoning Styles in Mathematics*, edited by Paolo Mancosu, Klaus Frovin Jørgensen, and Stig Andur Pedersen, 13–30. Dordrecht: Springer.

Moss, Ann. 1996. *Printed Common – Place Books and the Structuring of Renaissance Thought*. Oxford: Oxford University Press.

Murdoch, John E. 1984. *Album of Science: Antiquity and the Middle Ages*. New York: Scribner's Sons.

North, John. 2004. "Diagram and thought in medieval science." In *Villard's Legacy: Studies in Medieval Technology, Science and Art, in Memory of Jean Gimpel*, edited by Marie–Thérèse Zenner, 265–87. Aldershot: Ashgate.

Peirce, Charles Sanders. 1991a [1908]. "A neglected argument for the reality of God." Reprinted in *Peirce on Signs: Writings in Semiotic by Charles Sanders Peirce*, edited by James Hoopes, 260–78. Chapel Hill, NC: University of North Carolina Press.

Peirce, Charles Sanders. 1991b [1906]. "Prolegomena to an apology for pragmatism." Reprinted in *Peirce on Signs: Writings in Semiotic by Charles Sanders Peirce*, edited by James Hoopes, 249–52. Chapel Hill: University of North Carolina Press.

Perrin, Jean. 1909. "Mouvement brownien et realité moléculaire." *Annales de chimie et de physique*, 8, No. 18: 5–114.

Rosenberg, Daniel, and Anthony Grafton. 2010. *Cartographies of Time: A History of the Timeline*. Princeton, NJ: Princeton Architectural Press.

Rudwick, Martin. 1976. "The emergence of a visual language for geological science." *History of Science*, 14: 149–96.

Salonius, Pippa, and Andrea Worm. 2014. *The Tree: Symbol, Allegory, and Mnemonic Device in Medieval Art and Thought* (International Medieval Research 20). Turnhout: Brepols.

Schmidt–Burkhardt, Astrit. 2012. *Die Kunst der Diagrammatik: Perspektiven eines neuen bild wissenschaftlichen Paradigmas*. Bielefeld: Transcript Verlag.

Shin, Sun-Joo. 1995. *The Logical Status of Diagrams*. Cambridge: Cambridge University Press.

TeHeesen, Anke. 2014. *The Newspaper Clipping: A Modern Paper Object*. Trans. Lori Lantz. Manchester: Manchester University Press.

Tilling, Laura. 1975. "Early experimental graphs." *British Journal for the History of Science*, 8, No. 3: 193-213.

Tufte, Edward R. 1997. *Visual Explanations. Images and Quantities, Evidence and Narrative*. Cheshire, CT: Graphics Press.

Valleriani, Matteo (ed.) 2014. *Appropriation and Transformation of Ancient Science*. Special issue of *Nuncius*, 29: 301-432.

Warwick, Andrew. 1992. "Cambridge mathematics and Cavendish physics: Cunningham, Campbell and Einstein's relativity, 1905-1991." Part 1, "The uses of theory." *Studies in the History and Philosophy of Science*, 23: 625-56.

Warwick, Andrew. 1993. "Cambridge mathematics and Cavendish physics: Cunningham, Campbell and Einstein's relativity, 1905-1991." Part 2. "Comparing traditions in Cambridge physics." *Studies in the History and Philosophy of Science*, 24: 1-25.

Wood, David. 1992. *The Power of Maps*. New York: Guilford Press.

Wright, Aaron Sidney. 2014. "The advantages of bringing infinity to a finite place: Penrose diagrams as objects of intuition." *Historical Studies in the Natural Sciences*, 44, No. 2, 99-139.

第十章

Anon. 1874. "The Modelling Club." *University of Cambridge Reporter*, 55: 236.

Anon. 1888. "A Model of an Earthquake." *Nature*, 37, No. 952: 297.

Baird, Davis. 2004. *Thing Knowledge: A Philosophy of Scientific Instruments*. Berkeley: University of California Press.

Brenni, Paolo. 2004. "Mechanical and hydraulic models for illustrating electromagnetic phenomena." *Nuncius*, 19, No. 2: 629-58.

Brush, Stephen G., C. W. F. Everitt, and Elizabeth Garber (eds.) 1983. *Maxwell on Saturn's Rings*. Cambridge, MA: MIT Press.

Bud, Robert. 2013. "Life, DNA and the model." *British Journal for the History of Science*, 46, No. 2: 311-34.

Crum Brown, Alexander. 1914. "Mathematical models." In *Modern Instruments and Methods of Calculation: A Handbook of the Napier Tercentenary Exhibition*, edited by E. M. Horsburgh, 302-13. London: G. Bell and Sons.

Daston, Lorraine. 2004. "The glass flowers." In*Things That Talk: Object Lessons from Art and Science*, edited by Lorraine Daston, 223-54. New York: Zone Books.

de Chadarevian, Soraya. 2002. *Designs for Life: Molecular Biology after World War II*. Cambridge: Cambridge University Press.

de Chadarevian, Soraya. 2003a. "Portrait of a discovery: Watson, Crick, and the double helix." *Isis*, 94, No. 1: 90-105.

de Chadarevian, Soraya. 2003b. "Relics, replicas and commemorations." *Endeavour*, 27: 75-9.

de Chadarevian, Soraya. 2004. "Models and the making of molecular biology." In *Models: The Third Dimension of Science*, edited by Soraya de Chadarevian and Nick Hopwood, 339-68. Stanford, CA: Stanford University Press.

de Chadarevian, Soraya, and Harmke Kamminga. 2002. *Representations of the Double Helix*. Cambridge: Whipple Museum of the History of Science.

de Chadarevian, Soraya, and Nick Hopwood (eds.) 2004. *Models: The Third Dimension of Science*. Stanford, CA: Stanford University Press.

Dunning, David E. 2015. "What are models for? Alexander Crum Brown's knitted mathematical surfaces." *Mathematical Intelligencer*, 37, No. 2: 62-70.

Fieser, Louis F. 1963. "Plastic dreiding models." *Journal of Chemical Education*, 40, No. 9: 457.

Forgan, Sophie. 1998. "Festivals of science and the two cultures: Science, design and display in the Festival of Britain, 1951." *British Journal for the History of Science*, 31: 217-40.

Francoeur, Eric. 1997. "The forgotten tool: The design and use of molecular models." *Social Studies of Science*, 27, No. 1: 7-40.

Francoeur, Eric, and Jerome Segal. 2004. "From model kits to interactive computer graphics." In *Models: The Third Dimension of Science*, edited by Soraya de Chadarevian and Nick Hopwood, 401-29. Stanford, CA: Stanford University Press.

Garber, Elizabeth, Stephen G. Brush, and C. W. F. Everitt (eds.) 1986. *Maxwell on Molecules and Gases*. Cambridge, MA: MIT Press.

Garber, Elizabeth, Stephen G. Brush, and C. W. F. Everitt (eds.) 1995. *Maxwell on Heat and Statistical Mechanics*. Cranbury: Associated University Presses.

Glaisher, James. 1852. "Orreries, planetariums, and astronomical machines." In *Exhibition of the Works of Industry of All Nations*, 1851: *Reports by the Juries*, 306-7. London: William Clowes.

Griesemer, James. 2004. "Three-dimensional models in philosophical perspective." In *Models: The Third Dimension of Science*, edited by Soraya de Chadarevian and Nick Hopwood, 433-42. Stanford, CA: Stanford University Press.

Grob, Bart. 2000. *The World of Auzoux: Models of Man and Beast in Papier-Maché*. Leiden: Museum Boerhaave.

Gross, Alan G. 1990. *The Rhetoric of Science*. Cambridge, MA: Harvard University Press.

Haley, Christopher. 2002. "Envisioning the unseen universe: Models of the ether in the nineteenth century." Unpublished PhD dissertation, University of Cambridge.

Harman, Peter M. (ed.) 1990. *The Scientific Letters and Papers of James Clerk Maxwell*, *Vol.* 1, *1846-1862*. Cambridge: Cambridge University Press.

Harman, Peter M. 1998. *The Natural Philosophy of James Clerk Maxwell*. Cambridge: Cambridge University Press.

Harman, Peter M. (ed.) 2002. *The Scientific Letters and Papers of James Clerk Maxwell, Vol. 3, 1874–1879*. Cambridge: Cambridge University Press.

Hopwood, Nick. 2002. *Embryos in Wax: Models from the Ziegler Studio*. Cambridge: Whipple Museum of the History of Science.

Hopwood, Nick, and Soraya de Chadarevian. 2004. "Dimensions of modelling." In *Models: The Third Dimension of Science*, edited by Soraya de Chadarevian and Nick Hopwood, 1–15. Stanford, CA: Stanford University Press.

Horry, Ruth. 2008. "Glass models of fungi." *Explore Whipple Collections*, Whipple Museum of the History of Science, University of Cambridge. http://www.hps.cam.ac.uk/whipple/explore/models/glassfungi/ Accessed September 30, 2015.

Hunt, Bruce J. 1991. *The Maxwellians*. Ithaca, NY: Cornell University Press.

Kidwell, Peggy. 1996. "American mathematics viewed objectively: The case of geometric models." In *Vita Mathematica: Historical Research and Integration with Teaching*, edited by Ronald Calinger, 197–207. Washington, DC: Mathematical Association of America.

King, Henry, with John Millburn. 1978. *Geared to the Stars: The Evolution of Planetariums, Orreries, and Astronomical Clocks*. Toronto: University of Toronto Press.

Klein, Ursula (ed.) 2001. *Tools and Modes of Representation in the Laboratory Sciences*. Dordrecht: Kluwer.

Lyell, Charles. 1865. *Elements of Geology*. London: John Murray.

Maxwell, James Clerk. 1857. "On a dynamical top, for exhibiting the phenomena of the motion of a system of invariable form about a fixed point, with some suggestions as to the Earth's motion." *Transactions of the Royal Society of Edinburgh*, 21, No. 4: 559–70.

Maxwell, James Clerk. 1859. *On the Stability of the Motion of Saturn's Rings*. Cambridge: Macmillan.

Mehrtens, Herbert. 2004. "Mathematical models." In *Models: The Third Dimension of Science*, edited by Soraya de Chadarevian and Nick Hopwood, 276–306. Stanford, CA: Stanford University Press.

Meinel, Christoph. 2004. "Molecules and croquet balls." In *Models: The Third Dimension of Science*, edited by Soraya de Chadarevian and Nick Hopwood, 242–275. Stanford, CA: Stanford University Press.

Moody, George B. 2009. "Rediscovering Things of Science." Online: http://ecg.mit.edu/george/tos/Accessed September 30, 2015.

Morton, Alan, and JaneWess. 1993. *Public and Private Science: The King George III Collection*. Oxford: Oxford University Press.

Nye, Mary Jo. 2001. "Paper tools and molecular architecture in the chemistry of Linus Pauling." In *Tools and Modes of Representation in the Laboratory Sciences*, edited by Ursula Klein, 117–32. Dordrecht: Kluwer.

Olszewski, Margaret. 2009. "Designer nature: The papier-mâché botanical teaching models of Dr. Auzoux in nineteenth-century France, Great Britain and America." Unpublished PhD dissertation, University of Cambridge.

Purrington, Robert D. 1997. *Physics in the Nineteenth Century*. New Brunswick, NJ: Rutgers University Press.

Ratcliff, Jessica. 2008. *The Transit of Venus Enterprise in Victorian Britain*. London: Pickering and Chatto.

Rich, Michael. 2006. "Representing Euclid in the eighteenth century." In *The Whipple Museum of the History of Science: Instruments and Interpretations, to Celebrate the 60th Anniversary of R. S. Whipple's Gift to the University of Cambridge*, edited by Liba Taub and Frances Willmoth, 319–44. Cambridge: Whipple Museum of the History of Science.

Rudwick, Martin. 1976. "The emergence of a visual language for geological science, 1760–1840." *History of Science*, 14: 149–95.

Schaffer, Simon. 1983. "Natural philosophy and public spectacle in the eighteenth century." *History of Science*, 21: 1–43.

Schaffer, Simon. 1994. "Machine philosophy: Demonstration devices in Georgian mechanics." *Osiris*, 9: 157–82.

Schaffer, Simon. 2002. "James Clerk Maxwell." In *Cambridge Scientific Minds*, edited by Peter Harman and Simon Mitton, 123–40. Cambridge: Cambridge University Press.

Schaffer, Simon. 2004. "Fish and ships: Models in the Age of Reason." In*Models: The Third Dimension of Science*, edited by Soraya de Chadarevian and Nick Hopwood, 71–105. Stanford, CA: Stanford University Press.

Secord, James A. 2004. "Monsters at the Crystal Palace." In *Models: The Third Dimension of Science*, edited by Soraya de Chadarevian and Nick Hopwood, 138–69. Stanford, CA: Stanford University Press.

Sekiya, Seikei. 1887. "A model showing the motion of an Earth-particle during an earthquake. *Journal of the College of Science, Imperial University, Japan*, 1:359–62.

Sprevak, Mark. 2000. "Representing time and motion: Sekiya, the Gilbreths, and chronophotographic art." Unpublished MPhil Essay, University of Cambridge Department of History and Philosophy of Science.

Taub, Liba. 2006. "Are orreries Newtonian?" In *The Whipple Museum of the History of Science: Instruments and Interpretations, to Celebrate the 60th Anniversary of R. S. Whipple's Gift to the University of Cambridge*, edited by Liba Taub and Frances Willmoth, 403–25. Cambridge: Whipple Museum of the History of Science.

Taylor, Katie. 2009. "Mogg's Celestial Sphere (1813): The construction of polite astronomy." *Studies in History and Philosophy of Science*, 40, No. 4: 360–71.

Tribe, Henry. 1998. "The Dillon Weston glass models of microfungi." *Mycologist*, 12, No. 4: 169–73.

Turner, Susan. 2011. "Thomas Sopwith, miners' friend: His contributions to the geological model-making tradition." In *History of Research in Mineral Resources*, edited by J. E. Ortiz, O. Puche, I. Rúbano, and L. F. Mazadiego, 177–92. Madrid: Instituto Geológico y Minero de España.

Turner, Susan, and W. R. Dearman. 1979. "Sopwith's geological models." *Bulletin of the International Association of Engineering Geology*, 19: 331–45.

Van der Spek, T. M. 2006. "Selling a theory: The role of molecular models in J. H. Van't Hoff"s stereochemistry theory." *Annals of Science*, 63, No. 2: 157–77.

Warner, Deborah J. 1997. "Lightning-rods and thunder houses." *Rittenhouse*, 11: 124–7.

Watson, James D. 1968. *The Double Helix: A Personal Account of the Discovery of the Structure of DNA.* London: Weidenfeld and Nicolson.